Elmar Wiesendahl

Sparta ante Portas – von der Aushöhlung der Inneren Führung

Reihe
WIFIS-aktuell

herausgegeben von

WIFIS – Wissenschaftliches Forum für Internationale Sicherheit e.V., vertreten durch

Prof. Dr. Michael Staack, Helmut-Schmidt-Universität/Universität der Bundeswehr Hamburg

Band 76

Elmar Wiesendahl

Sparta ante Portas – von der Aushöhlung der Inneren Führung

Verlag Barbara Budrich
Opladen • Berlin • Toronto 2023

Bibliografische Information der Deutschen Nationalbibliothek
Die Deutsche Nationalbibliothek verzeichnet diese Publikation in der Deutschen Nationalbibliografie; detaillierte bibliografische Daten sind im Internet über http://dnb.d-nb.de abrufbar.

Gedruckt auf säurefreiem und alterungsbeständigem Papier.

www.budrich.de

ISSN 1867-3015
ISBN 978-3-8474-2724-7
eISBN 978-3-8474-1895-5
DOI 10.3224/84742724

Umschlaggestaltung: Walburga Fichtner, Köln
Satz: Angelika Schulz, Zülpich
Druck: paper & tinta, Warschau
Printed in Europe

Geleitwort

Das Konzept der Inneren Führung wird seit seiner Grundlegung in den 1950er-Jahren immer wieder in Frage gestellt. Das kann nicht verwundern, denn mit dieser Konzeption wurde für die neue Bundeswehr, in scharfer Abgrenzung zum Militarismus des deutschen Kaiserreiches und zur Beteiligung der Wehrmacht an der Unrechtsherrschaft und den Menschheitsverbrechen des NS-Regimes, eine ganz neue Führungsphilosophie geschaffen: die des militärisch ausgezeichnet ausgebildeten und leistungsfähigen, fest in den Werten des demokratischen Staates verankerten und mitdenkenden Soldaten. Ungeachtet aller Kritik und Infragestellung – und oft angespornt und motiviert durch diese – war die Etablierung der Inneren Führung insgesamt sehr erfolgreich. Die heutige Bundeswehr ist fest im demokratischen Staatswesen verankert. Sie hat nichts mehr gemein mit deutschen Streitkräften vergangener Zeiten, die sich als „Staat im Staate" verstanden; gar als dezidiert antidemokratischer „Staat im Staate" wie in der Weimarer Republik. Die ganz überwältigende Mehrheit der Soldatinnen und Soldaten bekennt sich zu und lebt die Rechte und Werte der freiheitlich demokratischen Grundordnung. Wer andere Werte teilt und anderen Staatsformen anhängt, gehört nicht in die Bundeswehr. Das Parlament, insbesondere der Verteidigungsausschuss und die Wehrbeauftragten des Deutschen Bundestages, üben eine starke und effektive Kontrolle der Streitkräfte und des gesamten Geschäftsbereichs des Bundesministeriums der Verteidigung aus. Nicht zuletzt auch, um die Ausrichtung an der Führungsphilosophie zu gewährleisten und Missstände aufdecken und beheben zu können.

Seit der Etablierung der Konzeption in den 1950er-Jahren zeichnen sich die Versuche, von der Inneren Führung abzurücken oder diese inhaltlich bis zur Unkenntlichkeit zu verwässern, wiederkehrend dadurch aus, „dass die Gegner des Reformkonzepts zumeist nicht offen gegen die Innere Führung opponieren, sondern aus taktischen Gründen zwar allgemeine Lippenbekenntnisse für das Konzept ablegen, sich aber dann im Bereich konkreter Forderungen und im Führungsverhalten entgegengesetzt verhalten. Das macht es nicht selten schwer, zwischen Befürwortern und Gegnern zu unterscheiden." (Ganser 1981: 75) Kontinuität lässt sich auch in Bezug auf den Alternativentwurf feststellen, nämlich „die militärische Erziehung eben an jenem Leitbild des unpolitischen weitgehend außerhalb der Demokratie agierenden Kämpfers zu orientieren." (Ganser 1981: 75)[1] Ein solches Leitbild ist mit der Demokratie des Grundgesetzes nicht vereinbar. Gerade deshalb ist es erstaunlich und mehr als irritierend, dass es bis in die Gegenwart immer wieder reaktiviert und als „lageangemessen" dargestellt wird.

Wolf Graf von Baudissin (1907-1993), der maßgebliche Begründer der Inneren Führung, war sich der Notwendigkeit, diese Konzeption und ihre Verwirklichung immer wieder neu zu verankern und zu verteidigen, sehr bewusst. Nach seiner festen Überzeugung entsprach das Konzept nicht nur den Erfordernissen der Demokratie, sondern auch den neuen sicherheitspolitischen Realitäten im Nuklearzeitalter (Baudissin 1969; Bussiek 2021; Rosen 2014; Staack 2011). Mit dem Gewaltverbot der Charta der Vereinten Nationen sollte der Krieg als Institution überwunden werden. Gewaltanwendung zwischen den Staaten (als „internationaler bewaffneter Konflikt") wurde fortan völkerrechtswidrig, es sei denn, sie dient der Selbstverteidigung oder wird durch einen Beschluss des Sicherheitsrates legitimiert. Unter dieser Prämisse bezeichnete Baudissin die „Wiederherstellung des Nicht-Krieges" als „einzig legitime Funktion heutiger Streitkräfte":

> „Beim Entwurf der Konzeption der Inneren Führung in den fünfziger Jahren nahm neben dem rechtsstaatlich-sozialen Charakter des neuen Dienstherrn und dem verfassungsgemäß garantierten Pluralismus der Gesellschaft das Kriegsbild einen herausragenden Platz ein. Die katastrophalen Folgen eines Kernwaffeneinsatzes verordnen Kriegsverhütung bzw. baldmögliche Wiederherstellung des Nicht-Krieges als einzig legitime Funktion heutiger Streitkräfte. Ihr Einsatz ist daher nicht mehr nationalstaatlich, sondern nur noch unter interalliiert-integrierter Führung und in multinationalem Rahmen denkbar." (Baudissin 1981: 7)

Diese Aussagen sind nach wie vor aktuell. Der russische Angriffskrieg gegen die Ukraine hat in klassischer Weise das Selbstverteidigungsrecht der Ukraine aktiviert. Den russischen Überfall als Argument für eine Re-Legitimation von nicht völkerrechtskonformer militärischer Gewalt bzw. einer Wiederkehr des Krieges als „Mittel der Wahl" in den Staatenbeziehungen zu instrumentalisieren, hieße letztlich, Russlands Weltsicht zum Erfolg zu verhelfen.

1 Gansers Buch reiht sich ein in zahlreiche Publikationen, die darauf abzielten, im Interesse der Bundeswehr einem Niedergang der Inneren Führung entgegenzuwirken. Es enthält neben einer umfassenden Bestandsaufnahme und Problemanalyse eine Dokumentation von schlimmstem Fehlverhalten bis hin zu menschenverachtender Praktiken, die bis heute auch in den Jahresberichten der Wehrbeauftragten immer wieder festgehalten werden müssen. Helmut W. Ganser veröffentlichte seine Schrift als Hauptmann und beendete seinen aktiven Dienst in der Bundeswehr 2008 als Brigadegeneral.

Für Baudissin war ein „unpolitisches Soldatentum“ im demokratischen Staat nicht zielführend:

„In dieser Situation wird politisches Problembewusstsein zu einem Teil der Führungseignung: es verlangt systematische Weiterbildung und entwickelt sich in ständiger Auseinandersetzung mit politischen Fragen; auch die politische Diskussion ist zum Führungsstil geworden. Wo staatsbürgerliche Qualität durch die Indoktrination zu undifferenziertem Freund-Feind-Denken deformiert wird, kann keine rationale Bewältigung der unausweichlichen inner- und zwischenstaatlichen Konflikte erwartet werden. Wo der fragwürdige Versuch gemacht wird, bereits im Frieden für den Kampf zu motivieren, geht dies zu Lasten der Wehrmotivation.“ (Baudissin 1981: 7)

Ein weiteres Argument für das Soldat*innenbild der Inneren Führung sah er in der Spezialisierung des Berufs, die in funktionaler Notwendigkeit Zusammenwirken erzwinge und starres Hierarchie-Denken nicht mehr gestatte:

„Doch die Entwicklung des Soldatenberufs zu einer der differenziertesten Berufsgruppen entmythologisiert die Ideologie des homogenen und gesellschaftlich exterritorialen Standes. Die sach- und lagebestimmte Kooperation der Spezialisten auf allen Handlungsebenen lässt sich nur noch mit koordinierenden Aufträgen steuern und verlagert entscheidende Verantwortung auf die Untergebenen; damit sind obrigkeitsstaatlich-feudale Hierarchie-Vorstellungen und Prestigeansprüche, die aus der vorgeblich unteilbaren Verantwortung der Vorgesetzten abgeleitet werden, anachronistisch geworden. Durch die Funktionsbedingungen der Spezialisten verändern sich die vor- und frühtechnischen bzw. obrigkeitsstaatlichen Disziplinaranforderungen und Gehorsamspostulate, die mit gewissenhaftem Gehorsam und rechtsstaatlicher Mitverantwortung nicht zu vereinbaren sind.“ (Baudissin 1981: 7-8)

Baudissins Denken ist nicht nur weitsichtig und erstaunlich aktuell, sondern bietet zahlreiche Denkanstöße für derzeit wieder debattierte Fragen. In seinem praktischen Wirken lebte der bis zum Generalleutnant aufgestiegene Offizier die von ihm begründete Führungsphilosophie mit einer Praxis anspruchsvoller militärischer Leistungsfähigkeit. Dagmar Bussiek hat in ihrer außerordentlich lesenswerten und facettenreichen Biografie Wolf Graf von Baudissins erstmals auch dessen eigenes Führungsverhalten als Brigadekommandeur untersucht und ihn als sehr fordernden Vorgesetzten charakterisiert, der auch Härte einforderte: Härte „aber nicht um ihrer selbst willen, sondern […] Härte aus Einsicht in ihre Notwendigkeit.“ (Bussiek 2021: 113-114) Politische Bildung und Orientierung und persönliche Zuwendung gehörten für ihn selbstverständlich zu einem modernen Führungsverhalten. Militärische Leistungsfähigkeit und wertegebundene, mitdenkende Soldat*innen sind kein Gegensatz. Sie bedingen einander.

Elmar Wiesendahl, der Autor dieser Schrift, ist exzellent ausgewiesen als einer der besten Kenner der Inneren Führung. Sein Berufsleben war – als Professor an der Universität der Bundeswehr München sowie als Wissenschaftlicher Direktor und Leiter des Fachbereichs Sozialwissenschaften an der Führungsakademie der Bundeswehr in Hamburg – eng mit den deutschen

Streitkräften verbunden, deren Innenleben er sehr genau kennt. Im Jahre 2010 hat Elmar Wiesendahl erstmals auf die neue, in ihren Mustern aber wiederkehrende Kontroverse zwischen den Denkschulen „Athen“ und „Sparta“ aufmerksam gemacht. Diese Argumentation spitzt er im vorliegenden WIFIS Aktuell unter dem Titel „Sparta ante Portas“ zu und warnt nachdrücklich vor einem schleichenden Rückfall in ein überholtes Soldat*innenbild. Elmar Wiesendahls Befund sollte ernst genommen werden, zu intensivem Nachdenken herausfordern und erforderlichenfalls auch zu Konsequenzen führen. In diesem Sinne wünsche ich der vorliegenden Studie im Sinne der Inneren Führung viele interessierte Leserinnen und Leser!

Hamburg, im Februar 2023 Univ.-Prof. Dr. Michael Staack

Literatur

Baudissin, Wolf Graf von (1969): Soldat für den Frieden. Entwürfe für eine zeitgemäße Bundeswehr, München.

Baudissin, Wolf Graf von (1981): Vorwort. In: Helmut W. Ganser (Hrsg.), Technokraten in Uniform. Die innere Krise der Bundeswehr, Reinbek bei Hamburg, 3. Auflage, S. 7-10.

Bussiek, Dagmar (2021): Dem Frieden verpflichtet. Wolf Graf von Baudissin (1997-1993). Die Biografie, Baden-Baden.

Ganser, Helmut W. (Hrsg.) (1981): Technokraten in Uniform. Die innere Krise der Bundeswehr, Reinbek bei Hamburg, 3. Auflage.

Rosen, Claus von (2014): Wolf Graf von Baudissin. Grundwert Frieden. In Politik-Strategie-Führung von Streitkräften, Berlin.

Staack, Michael (Hrsg.) (2011): Zur Aktualität des Denkens von Wolf Graf von Baudissin. Baudissin Memorial Lecture, Opladen/Berlin/Farmington Hills.

Inhaltsverzeichnis

1 Einleitung 11

2 Ganzheitliches Konzept und Kerngehalt der Inneren Führung 15

3 Innere Führung zwischen Athen und Sparta 19

4 Die alte Verteidigungsarmee Bundeswehr und die Innere Führung 23

5 Die Ära der Einsatzarmee Bundeswehr und die Innere Führung 27

6 Innere Führung nach der Rückkehr der Bundeswehr zur Landes- und Bündnisverteidigungsarmee 35

7 Der Spartaner als Kämpfer und Krieger 43

8 Schluss 49

Literatur 53

Dokumentation: Athen oder Sparta – Bundeswehr quo vadis? 57
(erschienen als WIFIS-Aktuell, Band 43)

Der Autor 129

1 Einleitung[2]

Mit dem Überfall Russlands auf die Ukraine am 24. Februar 2022 ist der zwischenstaatliche Krieg nach Europa zurückgekehrt und verlangt im Umgang mit der neuen Bedrohungslage nach einer sicherheitspolitischen Zeitenwende. Für die Bundeswehr ist sie finanziell mit einem 100-Milliarden-Sondervermögen und der Erhöhung des Verteidigungshaushalts auf das NATO-Zwei-Prozent-Niveau eingeleitet. Im Gefolge der Zeitenwende ist auch das bisherige Rüstungsexportverbot Deutschlands in Krisenländer weggefallen. Gleichzeitig kehrt die Bundeswehr zu ihrer ursprünglichen Kernkompetenz, der Landes- und Bündnisverteidigung zurück und hat darauf ihre Bewaffnung und Ausrüstung, ihre Personalstruktur, und ihre Führungsstruktur in Hinblick auf die Stärkung ihrer militärischen Fähigkeiten und Kompetenzen auszurichten.

All dieses ist der für undenkbar gehaltenen Rückkehr des zwischenstaatlichen Krieges nach der langjährigen europäischen Friedensordnung geschuldet. Russlands völkerrechtswidriger militärischer Überfall auf die Ukraine macht den großen Krieg wieder denkbar und verlangt nach militärischer Wappnung und Abschreckung des NATO-Bündnisses gegen die von Russland ausgehende Bedrohung.

Für die Bundeswehr bleibt zwar vom Auftrag her der internationale Kriseneinsatz erhalten. Doch ist nun der Rückbezug auf die militärische Landesverteidigung im Bündnis vordringlicher. Damit kehrt ein Bedrohungsszenario zurück, welches die Aufgabenstellung, Struktur, personelle Aufstellung und militärischen Fähigkeiten der Bundeswehr einst dominierte.

Erneut steht ein Strukturwandel der Streitkräfte an, der die Frage nach dem Kulturwandel, also der Anpassung der Inneren Führung an die neue Bedrohungslage, nicht ausklammern kann. Geschieht dies nicht als strategische Führungsaufgabe der Leitung des Bundesministeriums der Verteidigung, sucht sich der Kulturwandel von unten eigenständig und wildwüchsig seine Bahn und wird die Innere Führung, so wie sie gelebt wird, verändern.

Wie ich in der nachfolgend dokumentierten Studie „Athen oder Sparta – Bundeswehr quo vadis?“ aufgezeigt habe, hat die ausgebliebene strategische Anpassung der Inneren Führung an die Transformation der Bundeswehr zur Einsatzarmee Kräften in der Armee den Spielraum eröffnet, das Marken-

2 Der besseren Lesbarkeit willen ist dieser Aufsatz im generischen Maskulinum abgefasst.

zeichen der Armee nach ihren Vorstellungen zu verändern.[3] Die Richtungskontroverse, die um die Kursbestimmung der organisatorischen Leitkultur einer Einsatzarmee ausgetragen wurde, nahm, so meine These, die Auseinandersetzungsform zwischen zwei Denkschulen an, die ich mit dem Namen „Athen" und „Sparta"[4] versehen habe. Welche gegensätzlichen und widersprechenden Vorstellungen in dieser Kontroverse vorgebracht wurden, ist dem nachfolgenden Wiederabdruck der Studie von 2010 zu entnehmen. Dies brauche ich nicht en détail zu wiederholen.

Was für mich dagegen im Vordergrund dieses Aufsatzes steht, ist die Frage, inwieweit von der erneuten Strukturreform der Einsatzarmee zurück zur Landes- und Bündnis-Verteidigungsarmee die Innere Führung einem Anpassungsprozess unterworfen ist, der von den Polen Athen und Sparta abgesteckt wird. Wie sich schon durch Veränderungen der letzten Jahre abzeichnete, deuten einige Vorzeichen der Kursentwicklung in Richtung Sparta. Aufschluss über diesen Trend gibt indes nur ein ganzheitlicher Blick auf das geistige Klima und die Bewusstseinslage der Armee. Beides müsste sowohl von der Inneren Führung als geistigem Überbau als auch vom gesellschaftlichen Wertefundament bestimmt sein.

Es geht dabei nicht um etwas Starres, sondern um einen dynamischen Entwicklungsprozess, der in die Abfolge der drei Epochen der Bundeswehr als alte Verteidigungsarmee, als neue Einsatzarmee und jetzt wieder zurück als Verteidigungsarmee eingebettet ist. Ich beginne mit dem Blick auf das jeweilige charakteristische Kriegs- und Bedrohungsbild, auf das die Bundeswehr in dreimaliger Transformation ihres Auftrags und ihrer Struktur angepasst wurde.

Wie insbesondere von Martin Kutz (2004) und Claus von Rosen (2020) herausgearbeitet wurde, war für Wolf Graf von Baudissin als Vater der Inneren Führung das Kriegsbild eines Kalten und Heißen Krieges im Ost-West-Konflikt zentral, um hieraus die Aufgabenstellung und das Selbstverständnis der neuen Bundeswehr einschließlich ihrer Führungskultur und ihres Leitbilds des Soldaten abzuleiten.

Ebenso waren für ihn die gesellschaftlichen und politischen Rahmenbedingungen der Bundesrepublik als stilbildend für die Armee heranzuziehen, um über die Innere Führung die Unterordnung und Integration der neuen Streitkräfte in das freiheitlich-demokratische Staatsgefüge und die pluralistische Gesellschaftsordnung herbeizuführen. Die damaligen Zeitverhältnisse sind indes vorbei und es sind weitere Epochen gefolgt, sodass nachfolgend das Zusammenspiel zwischen Gezeitenwechsel und Neuausrichtung von

3 Diese Studie wurde im Jahr 2010 als WIFIS-Aktuell, Band 43, veröffentlicht.

4 Der besseren Lesbarkeit dienend wird nachfolgend auf die Anführungszeichen bei der Nennung der beiden Denkschulen verzichtet.

Struktur und Kultur der Bundeswehr in geraffter Form rekonstruiert werden wird. Die Leitfrage ist, wie sich entlang der drei Epochen der Bundeswehr die Innere Führung mit ihrer Unternehmensphilosophie, also ihrem Selbstverständnis und ihrem Aufgabenspektrum, dann ihrer Führungskultur und ihrem soldatischen Selbstverständnis im Spannungsbogen der Denkschule Athen und Sparta verändert hat.

2 Ganzheitliches Konzept und Kerngehalt der Inneren Führung

Streitkräfte sind so aufgebaut, dass sie über eine feste und eine weiche Binnenstruktur verfügen. Man kann auch von der Hardware und der Software einer Armee sprechen. Erstere umfasst die materielle und personelle Ressourcenausstattung inklusive ihrer Gliederung und Führungsstruktur. Letztere die Regelung informeller sozialer Prozesse des dynamischen Zusammenlebens der Angehörigen der Armee, die auf ihr gemeinschaftliches Denken, Fühlen und Handeln einwirken, also die Armee als kollektiven Akteur zum Leben erwecken. Die Innere Führung bezieht sich auf den weichen kulturellen Kern der Bundeswehr. Sinn macht es, sie mit weiteren weichen Faktoren der soldatischen Sinnsuche und Identitätsfindung wie Glaube und Ethik zusammen zu erfassen (Dörfler-Dierken 2021).

Nach Baudissin ist das Reformkonzept der Inneren Führung mit dem „geistigen Überbau" und der „Moral der Truppe" im Sinne von Clausewitz gleichzusetzen (Wiesendahl 2007: 21). Danach steht sie für eine normative Leitkultur, die den Geist, die Mentalität, die Gesinnung, kurz die korporative Identität der Angehörigen der neu zu schaffenden Armee prägen sollte. Die 2008 neu gefasste Zentrale Dienstvorschrift (ZDV) 10/1 „Innere Führung" der Bundeswehr hält an diesem Begriffsverständnis fest. Sie „umfasst die geistige und sittliche Grundlage der Streitkräfte. Sie durchdringt das gesamte militärische Leben" (BMVg 2008: 3).

Als ein mehrschichtiges geistiges und moralisches Orientierungs-, Sinnvermittlungs- und Identitätskonzept für die Bundeswehr bestimmt die Innere Führung deren Organisationsphilosophie, Führungskultur und Berufsbild für den Soldaten. Nach dem Weißbuch der Bundeswehr von 2016 (BMVg 2016: 114) soll die Innere Führung so ausgestaltet sein, „dass sie allen Bundeswehr-Angehörigen einen Sinn stifteten Rahmen bietet – als einheitliche Unternehmenskultur, das Selbst- und Führungsverständnis sowie Führungsverhalten harmonisiert."

Mit ihrer Unternehmensphilosophie werden Antworten darauf gegeben, wozu sie da ist, über welches Selbstverständnis sie verfügt, für welche grundlegenden Werte die Bundeswehr einsteht und in welcher Beziehung sie zu Staat und Gesellschaft steht. Aus der Führungskultur ergibt sich, wie sich nach welchen Maßstäben der Führungsprozess gestaltet, welcher Führungsstil erwünscht ist und wie das Betriebsklima und das militärische Zusammenleben beschaffen sind. Und schließlich beschreibt das Leitbildkonzept, welches berufliche Selbstverständnis der Soldat an den Tag legt.

Mit ihrem normativen Leitbildcharakter grenzt die Innere Führung einen erwünschten Korridor für die Angehörigen der Armee ab, innerhalb dessen sich nach den vorgegebenen Orientierungsmaßstäben Denken, Fühlen und Handeln der Soldatinnen und Soldaten bewegen sollen. Sie hat insofern Kompass-Charakter für die korporative Identität der Armee und für die berufliche Sinngebung ihrer Angehörigen. Solch ein Leitbild dient zugleich als „Markenkern" der öffentlichen Selbstdarstellung und gesellschaftlichen Reputationspflege und befriedigt damit politische und zivilgesellschaftliche Erwartungen.

Als normatives Konzept steht sie für einen geistigen Überbau der Bundeswehr, der als Richtschnur für ihre Alltagspraxis erst zum Leben erweckt werden muss. Offiziell gewollte und real gelebte Innere Führung sind also zu unterscheiden.

In der Unternehmenswelt geht es bei dem, was bei der Bundeswehr Innere Führung genannt wird, um einen Leitbildbereich, der von seiner identitätsprägenden strategischen Schlüsselstellung in den Zuständigkeits- und Verantwortungsbereich der Unternehmensspitze fällt. Anders die Bundeswehr. Sie hat die Innere Führung von Anfang an in einen nachgeordneten Zuständigkeitsbereich platziert und lediglich einem Referat des Ministeriums zugeordnet. Mit Gründung der Bundeswehr kam es zwar zur Einrichtung des Zentrums für Innere Führung in Koblenz. Es hat jedoch zu keinem Zeitpunkt über das Potenzial und die Ressourcen verfügt, um der Inneren Führung maßgebliche Impulse zu verleihen. An anderen zentralen Dienststellen der Bundeswehr, wie der Führungsakademie in Hamburg oder dem Zentrum für Militärgeschichte und Sozialwissenschaften der Bundeswehr (ZMSBw) in Potsdam sind Experten als Dozenten und Wissenschaftler tätig, die mit ihren Untersuchungen und Veröffentlichungen der Inneren Führung einen auch der allgemeinen Öffentlichkeit zugänglichen Diskussions- und Debattenraum verschaffen. Der Wirkungsbereich der Forschungsleistungen und Publikationen bleibt aber überwiegend auf die Bundeswehr selbst begrenzt. Nachteilig für eine ins Gesellschaftliche hineinragende Debattenkultur zur Inneren Führung wirkte sich nämlich das Desinteresse an dem Thema aus, wie ganz allgemein an militärsoziologischen Fragen, was ihnen von der zivilen sozialwissenschaftlichen Seite entgegenschlug und noch weiter schlägt. An der Führungsakademie der Bundeswehr in Hamburg ist es vor allen Dingen Claus von Rosen, der mit dem dort von ihm eingerichteten Baudissin-Dokumentationszentrum das Erbe des Vaters der Inneren Führung pflegt und der Öffentlichkeit zugänglich macht.

Zu nennen ist auch noch der Arbeitskreis Militär und Gesellschaft (AMS), der sich schon langjährig mit der Lage und Entwicklung der Inneren Führung in der Bundeswehr befasst hat. Im von Uwe Hartmann, Claus von Rosen und Reinhold Janke herausgegebenen Jahrbuch für Innere Führung wird regelmäßig deren Lage thematisiert und ihr für ein lebhaftes Debattenspektrum ein breites Forum geliefert. Mehr an ein den Truppenalltag repräsentierendes Zielpublikum ist die von der Bundeswehr herausgegebene Zeitschrift Innere Führung (IF) gerichtet.

Von der Militärspitze sind nur wenige Generale namentlich in Erinnerung geblieben, die in der Nachfolge von Graf Baudissin die Innere Führung zu ihrem Herzensanliegen gemacht hätten. Hiervon sind jedoch ausdrücklich die ehemaligen Generalinspekteure Ulrich de Maizière und Wolfgang Schneiderhan auszunehmen, die sich beharrlich und mit großem Elan in die jeweiligen Weiterentwicklungsdiskussion zur Inneren Führung eingebracht haben. Nach 2010 setzte indes in der politischen und militärischen Führungsspitze der Bundeswehr eine Ebbe ein, mit der sie sich aus der strategischen Richtungsbestimmungsrolle heraushielt. In dieses ideelle Führungsvakuum stießen infolgedessen untergeordnete militärische Stellen und Führungskräfte hinein, die mit ihren Auslegungsvorstellungen der Inneren Führung für die Truppenpraxis speziell im Heer ein Gesicht gaben.

Es kann nicht häufig genug betont werden, dass es sich bei der Inneren Führung um ein normatives Leitkonzept der Bundeswehr handelt, welches Wertmaßstäbe einfordert, die das innere Gefüge der Bundeswehr prägen sollen. Die heute gültige Vorschrift A-2600/1 „Innere Führung, Selbstverständnis und Führungskultur der Bundeswehr“ (BMVg 2008: 2) verlangt dabei nicht weniger als dass „Soldatinnen und Soldaten der Bundeswehr […] aus innerer Überzeugung für Menschenwürde, Freiheit, Frieden, Gerechtigkeit, Gleichheit, Solidarität und Demokratie als den leitenden Werten unseres Staates aktiv eintreten“ und sie „in der Bundeswehr verwirklich(en)“ (Nr. 100 6f.).

Angesichts dieses ausgesprochen hoch gestochenen Wertekanons der freiheitlich-demokratischen Grundordnung ist es nicht zu weit hergeholt zu kritisieren, dass Einsatzsoldaten „einem normativen Überfrachtungsdruck“ ausgesetzt würden (Wiesendahl 2016: 2). Und weiter: „Die Soldaten werden dadurch bei ihrer Identitätssuche und Verarbeitung ihrer Einsatzerfahrungen alleingelassen“ (ebd.: 4). Dies ist deshalb fatal, weil der Soldat, ob als Vaterlandsverteidiger oder als Einsatzsoldat im Ausland, mit existenziellen Grenzsituationen konfrontiert wird, bei denen es darum geht, Leib und Leben zu riskieren und selbst mit Waffengewalt zu töten. Für die kognitive und psychische Stabilisierung des Soldaten kann nicht allein auf den seelenlosen Experten für physische Gewaltsamkeit zurückgegriffen werden, der als Landsknecht oder Krieger die Kriegsmaschinerie bedient. Die Brutalität und menschenverachtende Kriegsführung der russischen Invasionstruppen in der Ukraine liefern hierfür ein abschreckendes Beispiel.

Umso wichtiger ist es indes, Soldatinnen und Soldaten mit einem inneren moralischen Kompass und einem höheren Sinnbezug ihres Tuns auszustatten, was ihnen zusammen mit ihren Kameraden inneren Halt verleiht (Hartmann 2018: 46ff.). Soldatinnen und Soldaten der Bundeswehr müssen über die Gewissheit verfügen, für etwas Höheres einzustehen und zu dienen und hierfür die Wertschätzung und Anerkennung der Gesellschaft zu finden. Eine Armee braucht also einen geistigen Überbau, der für die Angehörigen korporative Identität erzeugt und ein soldatisches Leitbild setzt, welches praktische Orientierung und Identifikation ermöglicht.

Für die unmittelbar anwendungsbezogene Hilfestellung der Inneren Führung und ihrer Leitwerte fordert deshalb Klaus Naumann (2020: 50f.) zu Recht, dass bei einer Neufassung der zentralen Dienstvorschrift Innere Führung die Sphäre von Sollwerten verlassen werden und zu den praktischen Fragen des militärischen Berufsidentität und Sinngebung herabgestiegen werden müsse.

Das nach wie vor ungelöste Schlüsselproblem der Inneren Führung bleibt vor diesem Hintergrund, sie für den Einsatzalltag unmittelbar anwendbar zu machen und konkurrierende soldatische Tugenden mit den freiheitlich-demokratischen Werten in Einklang zu bringen. Vordringlich geht es darum, den Dualismus von Demokratie und militärischer Subkultur im Truppenalltag verträglich zu machen.

3 Innere Führung zwischen Athen und Sparta

Innere Führung hat immer zwei Seiten: einmal die vorgegebene offizielle Leitkultur, die ihren Niederschlag in Richtlinien und zentralen Dienstvorschriften findet (Holz 2021). Sie halten einerseits an Konstanten fest, werden aber auch mit dem Wandel der Rahmenbedingungen und Strukturen der Armee fortgeschrieben. Die andere Seite der Inneren Führung besteht aus gelebter Kultur, die auf den Alltag des militärischen Zusammenlebens und auf Denken, Fühlen und Handeln der Soldatinnen und Soldaten einwirkt.

Zwangsläufig muss zwischen offizieller und gelebter Innerer Führung kein krasser Widerspruch bestehen, aber von einer Deckungsgleichheit kann umgekehrt auch nicht ausgegangen werden. So sah bereits nach einer Befragung von 1964 die Mehrheit aller Dienstgradgruppen in der Bundeswehr „harte Ausbildung" und „Kampfkraft" durch die Innere Führung beeinträchtigt (Nägler 2007: 59f.).

Die Teilstreitkräfte mit ihren speziellen Truppengattungen können sich durch unterschiedliche Subkulturen der Inneren Führung voneinander abgrenzen. Wenn es jedoch um Transfers von offiziellen Normen und Leitideen in gelebte Praxis geht, treten Auslegungs- und Deutungsdifferenzen auf, wie ein normativer Überbau auf den Truppenalltag herunter zu brechen ist und dem Soll gerecht wird. Dies umso mehr, wenn der geistige Überbau auf betont idealistische Prinzipien und Leitideen rekurriert und es an Richtschnüren und Roadmaps fehlt, welche das Gewollte zum Praktizierten machen (Naumann 2020).

Mit Auslegungs- und Umsetzungsdifferenzen der offiziellen Leitvorstellungen ist aber auch dann zu rechnen, wenn es Kräfte in der Bundeswehr gibt, die der von oben vorgegebenen Leitkultur nichts abgewinnen können und gegensätzliche kulturelle Vorstellungen zur Gestaltung des Inneren Gefüges der Armee verfolgen. Wie ich anhand der beiden Denkschulen Athen und Sparta herauszuarbeiten versucht habe (siehe den nachfolgenden Beitrag), zieht sich solch ein Pro- und Kontrastreit um die Innere Führung seit der Einführung des Konzepts bis zur Gegenwart hindurch und entfacht sich immer wieder neu entlang des Wandels der Struktur und Einsatzwirklichkeit der Streitkräfte.

Die beiden Denkschulen stehen sich als Idealtypen notgedrungen in Widerspruchsform gegenüber, weil sie von einem entgegengesetzten Ausgangspunkt die Frage der Inneren Führung einmal vom militärischen Wesenskern des Krieges und auf der anderen Seite vom staatlichen und gesellschaftlichen Bezugsrahmen der Bundeswehr her aufzäumen. Beide Ansätze befassen sich gleichermaßen mit der Fragestellung, wie Streitkräfte von ihrem Auftragsspektrum sowie in ihrem Selbstverständnis, ihrer Führungskultur und dem Leitbild des Soldaten verfasst sein müssen, um ihrer Aufgabenstellung nach der jeweiligen Bedrohungslage gerecht zu werden.

Athen bettet diese Fragestellung in einen militärisch übergreifenden Zusammenhang ein, dem an einer engen Verbindung bzw. Verträglichkeit von Streitkräften mit der Zivilgesellschaft sowie der Ein- und Unterordnung in die demokratische Staats- und Gesellschaftsordnung gelegen ist. Nach dem Modell der Athener Stadtrepublik rekrutieren sich Streitkräfte aus dem freien Bürgertum und die Polis wählt den Heerführer auf Zeit. Der Krieg ist Angelegenheit des politischen Gemeinwesens, für das man Waffendienst verrichtet. Die Differenz zwischen Soldaten und freien Bürgern ist aufgehoben.

Im übertragenen Sinne steht die Innere Führung Athen nahe, indem die Armee ihre Zweckbestimmung und ihre Identität über ihre politische Unterordnung und ihre Integration in die Bürgergesellschaft erfährt. Die Armee hat keinen Eigenwert und ist anstelle einer Sondermoral auf die Werte des politischen Gemeinwesens verpflichtet.

Zum Soldatenbild von Athen gehört selbstverständlich das Kämpfen. Nur erfährt der Soldat seine Legitimation und Sinnerfüllung im „Kämpfer für die Demokratie und für ihre pluralistische Gesellschaft“ (Walther 2020: 148). Und der Einsatz des Bürgersoldaten bedarf eines moralischen Fundaments, einer „ethischen, rechtlichen, politischen und gesellschaftlichen Begründung“ (BMVg 2008: 8). Der Soldat grenzt sich von seiner Berufsidentität nicht vom zivilen Berufsumfeld ab, sondern vereinigt in sich den kampfbereiten Waffenträger und den integrierten Zivilbürger. Gesellschaftliche Vielfalt spiegelt sich auch in der heterogenen Zusammensetzung und im Meinungspluralismus des Offizierskorps wider.

Die Denkschule Sparta favorisiert ein tendenziell entgegengesetztes Militär- und Gesellschaftsbild, was auf das Verhältnis von Streitkräften zu ihrem Primärzweck, dem Krieg und dem Waffengefecht fixiert ist. Das Kämpfen und der damit befasste Kämpfer bilden den Dreh- und Angelpunkt der Denkschule Sparta. Es geht um eine verschworene Gemeinschaft von professionellen Kämpfern, die von ihrer geistigen Rüstung, Werthaltung und Moral für ihre Aufgabe, den Einsatz mit Waffengewalt im Gefecht, vorbereitet und gestählt werden müssen. Sparta bestimmt den Soldaten allein von seinem Sosein als Kämpfer. Hierin findet er seine Bewährung und seine Sinnerfüllung. Der Bezug des Soldaten zum Kampf wird dermaßen absolut gesetzt, dass er in seiner existenziellen Bestimmung auf den *miles bellicus* verkürzt wird.

Was dem Soldaten als Kämpfer in der Gefechtssituation kognitiv, moralisch und mental dient, ihn zum Kämpfer macht, ist allein Gegenstand der soldatischen Identitätsbildung. Dieses Kämpferleitbild der spartanischen Denkschule erinnert stark an den männlichen infanteristischen Kämpfer. Er ist deutlich in den „heroic traditions of fighting men" (Janowitz 1960) verwurzelt.

Ging es Baudissin noch um die „Entmilitarisierung des soldatischen Selbstverständnisses" verfolgt Sparta dessen Entzivilisierung. Zudem wird die politische Dimension des militärischen Handelns weitgehend bei der Sinnbildung des beruflichen Selbstverständnisses ausgeblendet. Deshalb ist ihm auch der Staatsbürger in Uniform etwas Wesensfremdes, etwas Unsoldatisches. Infolgedessen geht es für den Kämpfer auch nicht um einen vom demokratischen Staatswesen her gedachten Wertebezug, sondern um „ewige" soldatische Tugenden, statt pluraler gesellschaftlicher Vorstellungen.

Mit der Inneren Führung als politisch-gesellschaftlichem Integrationskonzept hat dieses bellizistische Denken nichts zu tun, sondern ist hiervon losgelöst auf jedwede Armee und ihre Soldaten übertragbar. Die Gefahr ist dabei, dass vom Leitbild her Kämpfen ohne Einbettung in einen höheren sinngebenden Zweck zum Selbstzweck verkümmert. Gefördert wird dies durch einen apolitischen militärhandwerklichen Professionalismus. Kämpfen für sich genommen erzeugt keinen Sinn, im Gegenteil überantwortet es den Kämpfer einem Sinnvakuum. So liefert der Fokus auf das Kämpfen für die Nichtigkeit des Todes keinen höheren Sinn, weil erst die Antwort auf die Frage nach dem Wozu des Sterbens Transzendenz erzeugt. Das Soldatische als solches kann die vom Spartaner aufgerissene Sinnlücke des Kämpfens nicht schließen. Schon gar nicht ist Abhilfe von der ideologischen Überhöhung, Mystifikation und Verherrlichung des Soldatischen zu erwarten.

Dem entgegen glaubt man, dem Kämpfer eine ihm zu eigene moralische und berufliche Sonderstellung zusprechen zu können. Zum Gesellschaftlichen hin ergibt sich hieraus für die Denkschule Sparta ein gebrochenes Verhältnis. Dies erklärt sich aus der hergebrachten Vorstellung, dass Kohärenz und Geschlossenheit der soldatischen Gemeinschaft straffe Führung sowie Erziehung zur Härte und Entschlossenheit den physischen und psychischen gefechtsfähigen und widerstandsfähigen Kämpfer hervorrufen. Zivile Einflüsse, die zur Verweichlichung und individuellen Haltlosigkeit des Soldaten führen könnten, sind von der Armee fernzuhalten. Eigenbestimmtheit soldatischer Moral und Tugend einerseits und kulturkritisch-negatives Gesellschaftsbild andererseits greifen ineinander. Umgekehrt hat die Gesellschaft so viel Wehrhaftigkeit, Rückhalt und Wertschätzung für die Streitkräfte aufzubringen, dass deren Kampfmoral gestärkt wird.

Die Anhänger Spartas stehen für eine Remilitarisierungs- und Entzivilisierungstendenz der Bundeswehr, mit der sie sich mit ihrem schieren Gefechtsfeldsbezug und ihrem Kämpferkult, ihrer soldatischen Sondermoral, ihrem Geschlossenheitsprimat und gesellschaftlichen Wagenburgmentalität von der offiziellen Inneren Führung abwenden.

Die Denkschulen Sparta und Athen lassen sich bis zu den Anfängen der Bundeswehr zurückverfolgen und ringen auch gegenwärtig wieder um eine zeitgemäße Auslegung und Weiterentwicklung der Inneren Führung (Bald 2005). Zunächst bestimmten Reformer um Wolf Graf von Baudissin als Athener den Kurs, wogegen sogenannte Traditionalisten als Anhänger Spartas Front machten. Der Impuls dieser weitgehend aus dem Heer kommenden Gruppe ging noch von ihren unmittelbar gemachten Kampferfahrungen des Zweiten Weltkriegs aus und fixierte sich auf die Kriegsertüchtigung der Soldaten der neu geschaffenen Bundeswehr. General Heinz Karst (1969) nahm dabei die Rolle des Antipoden von Baudissin ein. Er zäumte das Militär von der Kriegsführungsfunktion auf und betrachtete den Soldaten ausschließlich von seiner Bestimmung als Kämpfer. Insofern verkörperte für ihn der Soldat auch einen Beruf *sui generis*, von dem zivile Einflüsse fernzuhalten seien.

Nach dem temporären Vorstoß für eine Kämpferarmee, wie sie Anfang der 1970er-Jahre von der sogenannten Schnez-Studie und der Wortmeldung der „Hauptleute von Unna“ zum Ausdruck gebracht wurde (Neitzel 2020: 304ff.), flaute die spartanische Kämpferkampagne wieder ab (Bald 2005: 83ff.). Mit der Transformation der Bundeswehr zur Einsatzarmee ab den 1990er-Jahren brach die Kontroverse indes wieder auf und kulminierte in der Verarbeitung von Kampferfahrungen der „Generation Einsatz“ während des Afghanistaneinsatzes. Seit der Rückkehr der Bundeswehr zur Landes- und Bündnis-Verteidigungsarmee ab 2016 und nun 2022, der Zeitenwende nach dem russischen Angriffskrieg gegen die Ukraine, werden hinwiederum grundlegende Weichenstellungen für die Bundeswehr vorgenommen, von denen zwangsläufig die Innere Führung in entsprechende Kontroversen hineingezwungen wird.

Im Folgenden wird rekonstruiert, wie sich in den drei Epochen der Bundeswehr zunächst als Verteidigungs-, dann als Einsatz- und schließlich wieder als territoriale Verteidigungsarmee die Denkvorstellungen von Athen und Sparta in der Auslegung und Weiterentwicklung der Inneren Führung niederschlagen. Herauszufinden wird sein, inwieweit sich bei dem neuerlichen Kräfteringen die Spartaner gegenüber den Athenern durchsetzen werden.

4 Die alte Verteidigungsarmee Bundeswehr und die Innere Führung

Zehn Jahre nach der totalen Niederlage der Wehrmacht und dem Ende des nationalsozialistischen Versklavungs- und Vernichtungskrieges bekam das demokratische Nachkriegsdeutschland eine neue Armee. Die Wiederbewaffnung konnte nur im radikalen Bruch mit der Wehrmacht und der deutschen Militärtradition vollzogen werden. Geschaffen wurde eine in die NATO integrierte territoriale Verteidigungsarmee, die ein Geschöpf des Ost-West-Konflikts und des Kalten Krieges der Nachkriegszeit bildete.

Was den geistigen Überbau und das innere Gefüge der neuen Bundeswehr anging, entwickelte ein Kreis von Reformern um Wolf Graf von Baudissin ein Reformkonzept, welches die neu geschaffene Armee mit der Demokratie versöhnen und vereinbar machen sollte (Baudissin 1969). Der Neuanfang ermöglichte den Reformern ein Leitbild zu entwickeln, was von seiner Organisationsphilosophie, seiner Führungskultur und der Identitätsfindung für den Soldaten etwas gegenüber der Militärvergangenheit grundsätzlich Neues darstellte.

Mit der „Armee in der Demokratie“ wurde die zweite Säule des neuen Selbstverständnisses der bewaffneten Macht eingezogen. Ihre Identität sollte die Bundeswehr ohne jeglichen Eigenwert ausschließlich vom demokratischen Staat und der freiheitlich-pluralistischen Zivilgesellschaft herleiten. Dies hieß zu allererst, sie auf die Werte des Grundgesetzes zu verpflichten und als Parlamentsarmee dem Regierungssystem einzuverleiben und damit dem zivilen Primat und „Oberbefehl“ zu unterwerfen. Die strikte Bindung an Recht und Gesetz verlieh der Unterordnung Nachdruck.

Zur Gesellschaft hin hatte sich die Bundeswehr zu integrieren, was bedeutete, jegliche *Sui-generis*-Rolle abzulegen und zivilgesellschaftliche Einflüsse und Strömungen offen in sich hineinzulassen. Sowohl in ihrer Geisteshaltung als auch Zusammensetzung sollte die Armee ein Spiegelbild der pluralistischen Gesellschaft abgeben. Zugleich sollten nach Baudissin (1969: 157) „gleiche Werte für die Armee wie für die zivilen Bereiche des Staates“ gelten, zumal den Soldaten die Werte, die sie zu verteidigen hätten, im militärischen Zusammenleben nicht vorenthalten werden könnten. Vorgesetzte haben einen kooperativen Führungsstil zu pflegen, was durch Leitsätze für Vorgesetzte unterstrichen wurde.

Bei weitem am stärksten ist die Innere Führung noch mit dem „Staatsbürger in Uniform“ gleichgesetzt worden. In der Tat handelt es sich um ein Schlüsselkonzept, das auf der individuellen Ebene Soldat und Staatsbürger in einem Leitbild aufgehen lässt. Baudissin (1969: 201) bezeichnete „Soldat und Nichtsoldat [...] als zwei verschiedene Aggregatzustände desselben Staatsbürgers“. Der alte Gegensatz zwischen dem Soldaten und Zivilisten wird dadurch aufgehoben. Auf der einen Seite kommt hier wieder die Integrationsnorm ins Spiel, in dem der Soldat sich wie ein Zivilbürger im geistigen und politischen Leben der Gesellschaft bewegt, ohne aus seinem Status irgendeine Sonderheit oder Gegensätzlichkeit abzuleiten. Der Verselbstständigung und Abschottung der Uniformträger von der Gesellschaft sollte dadurch entgegengewirkt werden. Und von der anderen Seite her steckt in jedem Zivilbürger so viel freiheitlich-demokratische Gesinnung, dass er aus tiefer staatsbürgerlicher Einsicht zum „geborenen Vaterlandsverteidiger“ (Scharnhorst) wird, um mit der Waffe in der Hand den Verlust von Recht und Freiheit des deutschen Volkes abzuwehren. Der Staatsbürger in Uniform ist politisch gestimmter, demokratisch überzeugter Wehrbürger. Im Kern ging es darum, den Soldaten von seiner Identität her zu entmilitarisieren und über das Leitbild des Staatsbürgers in Uniform zu zivilisieren.

Für die Aufgabenstellung der Bundeswehr war für Baudissin das Kriegsbild und die Bedrohungslage maßgeblich, zumal er von der Gefahr eines Nuklearkrieges und einer Ost-West Konfrontation ausging, die aus der Systemkonkurrenz zwischen dem kommunistischen Osten und freiheitlichen Westen resultieren würde (von Rosen: 2020). Unter diesen Bedingungen war für ihn im Kriegsfall zwischen den NATO-Staaten und dem Warschauer Pakt davon auszugehen, dass er auf eine Selbstzerstörung Deutschlands hinauslaufen würde.

Die Bundeswehr wurde vom Gesellschaftlichen her als Wehrpflichtarmee, als Bürgerwehr konzipiert. Sie war Notwehr- und Selbstbehauptungsarmee, eine Armee im Volke, die angesichts der realen kommunistischen Bedrohung im engen Schulterschluss mit der Gesellschaft eine Schutz- und Trutzgemeinschaft bildete.

Mit der Massenarmee aus wehrpflichtigen Staatsbürgern in Uniform schuf sich die junge westdeutsche Demokratie eine Bundeswehr, welche das Land vor einem Angriff der Sowjetunion und der Warschauer-Pakt-Staaten schützen und verteidigen sollte. Aus der kommunistischen Bedrohung des Ostens leitete sich ein klarer Abschreckungs- und Kriegsverhütungsauftrag ab. Für den Soldaten resultierte aus diesem Kriegsbild ebenfalls die Aufgabe, den Krieg zu verhindern. Dies machte ihn zum „Soldaten für den Frieden“. Das Heer entwickelte dazu die Formel „Kämpfen können und kämpfen wollen, um nicht kämpfen zu müssen“ . Dies hieß indes für den Verteidigungsfall, an der Waffe in den Kampf zu ziehen und das angegriffene Vaterland tapfer zu verteidigen.

Von der ganzen Anlage her löste die neue Innere Führung als revolutionäres Konzept die Bundeswehr vom traditionellen Kampf- und Gefechtsbezug mit einem eingeschriebenen Siegwillen ab und unterwarf sie in ihrem Selbstverständnis dem Frieden und der Friedenssicherung (Neitzel 2020: 587ff.). Noch dazu stellte das Konzept einen Angriff auf das militärisch exklusive soldatische Professionsverständnis dar und betrieb sogar die Zivilisierung des Soldatentums durch Grenzaufhebung zwischen Staatsbürger und Soldaten. Eine eigenständige soldatisch abgehobene Wertekultur wurde durch Bindung des Soldaten an freiheitlich-demokratische Werte unterbunden. Entsprechend beseitigte das Soldatengesetz von 1956 alle Sonderrechte der Soldaten, wie auch der Kanon an soldatischen Tugenden um die aus der Wehrmacht, Reichswehr und dem Kaiserheer stammenden Werte „Ehre und Mut, Kämpfer- und Opfermut" bereinigt wurde (ebd.: 251). Dem Soldaten wurden damit jeglicher Eigenwert und alle Sonderrechte entzogen. Und als „Beruf wie jeder andere" wurde er dem zivilen Primat unterworfen.

5 Die Ära der Einsatzarmee Bundeswehr und die Innere Führung

Mit der Auflösung der Sowjetunion, dem Ende des bipolaren Ost-West-Konflikts und der Wiedervereinigung fielen Rahmenbedingungen weg, unter denen die Innere Führung in Zeiten der Wiederbewaffnung entstanden war. Abschreckung, Kalter Krieg und Staatsbürger in Uniform als Vaterlandsverteidiger waren obsolet bzw. gehörten auf den Prüfstand (vgl. Wiesendahl 2005).

Zudem wurde mit der veränderten internationalen Krisenlage ab den 1990er-Jahren ein Wechsel vom Bedrohungs- hin zum Risikoparadigma vollzogen, was zu einer Neubeurteilung der Rolle von Streitkräften führte. Hieraus resultierte die Transformation der Bundeswehr zur Einsatzarmee. Die Verteidigungspolitischen Richtlinien von 2003 (BMVg 2003), die Konzeption der Bundeswehr (BMVg 2004) und das Weißbuch von 2006 (BMVg 2006) bildeten hierfür die entsprechenden Grundlagendokumente.

Für die Bundeswehr begann als internationale Einsatz- und Kriseninterventionsarmee ein neues Zeitalter. Beim Ausbrechen von internationalen Krisen greift die Einsatzarmee in sich anbahnende innerstaatliche Gewaltkonflikte ein. Sie betreibt Krisenvorsorge, Krisenstabilisierung und Krisennachsorge und schafft einen Rahmen militärisch abgesicherter gewaltfreier Ordnung, unter dessen Schutz Polizeikräfte und weitere zivile Akteure nach dem Prinzip vernetzter Sicherheit *peace building*-Maßnahmen ergreifen und für die Wiederherstellung staatlich und gesellschaftlich lebensfähiger Strukturen sorgen.

Kriseninterventionen erfolgen in von Bürgerkriegen und Aufständen zerrütteten Ländern mit gescheiterter Staatlichkeit und zerfallener öffentlicher Ordnung, korrupten Eliten und Warlords mit marodierenden Milizen. Dieses Szenario hat unter dem Begriff „kleine“ bzw. „neue Kriege“ in die sicherheitspolitische Debatte Eingang gefunden. Es geht nicht mehr um den klassischen großen Staaten-Krieg, sondern um hybride Gefechtslagen in Gestalt von Anschlägen, Hinterhalten, Sprengfallen und Selbstmordattentaten. Für Einsatzkontingente sind Freund und Feind nicht mehr klar voneinander getrennt, und die Ungewissheit, in blutige Kämpfe hineingezogen zu werden, ist riesengroß. Selbst in Post-Konfliktlagen, in denen noch kein Frieden herrscht, wird die Einsatzarmee mit Widerstandsgruppen und terroristischen Zellen, mit Rechtlosigkeit und Kriminalität, Schmuggel und Schwarzhandel, mit wirtschaftlichen und humanitären Notständen, kurz mit Alltagsgewalt und fehlender öffentlicher Sicherheit konfrontiert, die ihr als Ordnungsmacht schwer lösbare Aufgaben aufhalsen. Gleichwohl tragen internationale Kriseninterventionen zur Eindämmung von Gewalt bei und erzeugen temporäre Sicherheitsgewinne. Dagegen zeigt die militärische Aufstandsbekämpfung (*Counterinsurgency* – COIN), wie an den Einsatzländern Afghanistan und Mali ersichtlich, wenig Wirkung.

Wenn eine Armee einen Transformationsprozess von einer territorialen Verteidigungs- zur internationalen Einsatzarmee durchmacht, kann schwerlich nur die Struktur erneuert werden und es bei der Kultur beim Alten bleiben. Solch einen Prozess ungleichzeitiger und nicht miteinander verzahnter Erneuerung erlebte jedoch die Bundeswehr. Der Veränderungsbedarf des geistigen Überbaus und des Selbstverständnisses der neu zu schaffenden Einsatzarmee wurde zwar erkannt, jedoch auf die längere Bank geschoben. Schon 2003 wurde in den neu verfassten Verteidigungspolitischen Richtlinien (BMVg 2003) jedoch festgehalten, dass sich die Innere Führung im Einsatz bewährt habe. Die nächste Gelegenheit zu ihrer Fortschreibung kam 2008 mit der neu gefassten ZDV 10/1 (Innere Führung). In ihr wurde an den hergebrachten Prinzipien der Inneren Führung und am Leitbild des Staatsbürgers in Uniform festgehalten. Sie verschenkte die Chance, sich die neue Einsatzwirklichkeit so zu eigen zu machen, dass sich daraus eine daraufhin ausgerichtete Unternehmensphilosophie, Führungskultur und Identität des Einsatzsoldaten hätte ableiten lassen. Unterlassen wurde zu klären, was unter dem neuen Risikoparadigma und Aufgabenspektrum der Krisenprävention und Krisenintervention an gewandelter Organisationskultur notwendig und inwieweit der Soldat im Einsatz noch mit dem Leitbild des Staatsbürgers in Uniform und dem Vaterlandsverteidiger in Übereinstimmung zu bringen ist.

In dieser Phase der unterlassenen Sinnvermittlung und des Orientierungsverlustes der alten Inneren Führung setzte ein halbwegs wildwüchsiger Prozess der Suche nach neuen Leitplanken des militärischen Sinn- und Berufsverständnisses ein, der die Denkschulen Athen und Sparta wieder gegeneinander aufbrachte. Unter Spitzenvertretern des Verteidigungsministeriums herrschte zusammen mit Vertretern der Denkschule Athen Konsens, dass das neue Einsatzszenarium der Bundeswehr anderen militärischen und politischen Herausforderungen unterworfen ist als die der alten Bedrohungslage, die sich für die Bundeswehr als alter Landesverteidigungsarmee gestellt hatten (Schneiderhan 2009). Zugleich gab es die Einsicht, dass sich die Rolle des Soldaten im Einsatz nicht mehr in der Androhung und Anwendung militärischer Gewalt zur Abschreckung und Verteidigung des eigenen Landes gegen einen Angriffskrieg aus dem Osten erschöpfen konnte. Zwar bleibe es für die Selbstverteidigung und die militärische Gegenwehr von Einsatzstreitkräften bei der Rolle des Kämpfers. Da es aber im Einsatz selten um das Feuergefecht im klassischen Sinne eines Gefechtsverbandes geht, verlangt die Krisenvorsorge- und Stabilisierungsaufgabe in einer Zwischenwelt von „nicht mehr Krieg“ und „noch nicht Frieden“ nach einem erweiterten Anforderungsprofil, bei dem der Einsatzsoldat je nach Lage die Rolle des Aufbauhelfers, Schlichters und Diplomaten übernehmen müsse. Verbunden sei damit die Übernahme nichtmilitärischer ziviler und polizeilicher Aufgaben.

Dem Einsatzsoldaten wird also als *miles protector* die Hybridisierung seiner Rolle abverlangt und es kommt zu einer Erweiterung des soldatischen Rollen-Sets. Diese Sicht wurde erstmals von dem Schweizer General Gustav Däniker (1992: 170f.) vorgebracht und in den Verteidigungspolitischen Richtlinien von 1992 übernommen. Das Weißbuch der Bundeswehr von 2016 (BMVg 2016: 111) formuliert das so, dass der Einsatzsoldat neben der Rolle als Kämpfer auch die des „Helfers, Vermittlers und Schlichters“ übernehmen müsse. Unter diesem Blickwinkel ist es mit der militärischen Professionalisierung und moralischen Rüstung des Einsatzsoldaten zum Kämpfer nicht mehr getan. Vielmehr hat er, so die offizielle Haltung und die der Athener, dem Leitbild des politisch gebildeten, demokratisch gesonnenen, interkulturell aufgeschlossenen und freiheitlich denkenden Staatsbürgers in Uniform zu entsprechen (Wiesendahl 2014: 84ff.).

Die Vertreter der Denkschule Sparta sahen dagegen mit der Neuausrichtung der Bundeswehr zur Einsatzarmee die Stunde gekommen, um sie und die Einsatzsoldaten mental und kognitiv auf eine von Krieg und Kampf geprägte Einsatzwirklichkeit zuzuschneiden. Im Mittelpunkt des spartanischen Denkens steht die „Kriegstüchtigkeit“ „und „Gefechtsfähigkeit“ der Einsatzarmee (Wiesendahl 2010: 43ff.) Und hierzu benötige es des kampfbereiten und kampffähigen Soldaten, der seinen Antrieb und moralischen Halt in den klassischen Soldatentugenden findet.

Entsprechend propagiert dieser Denkansatz das soldatische Leitbild des Kämpfers, des *miles bellicus*. Er beherrscht professionell das Kriegshandwerk und gleicht in seiner inneren Antriebskraft und seinem Kampfwillen der, wie es der Heeresinspekteur Budde ausdrückte, mythischen Figur des „archaischen Kämpfers“ (Winkel 2004). Diesem *miles bellicus* ist alles Politische, alles an nichtmilitärischem Reflexionsvermögen ausgetrieben. Seine Identität, seinen Berufsstolz und seine Sinnerfüllung bezieht der *miles bellicus* aus der existentiellen Ausnahmesituation des Kampfes, wofür er sich moralisch durch die Verinnerlichung der „klassischen Soldatentugenden“, durch „[z]eitlose soldatische Werte und tugendhaftes Verhalten“ rüstet (Budde 2008: 31, 33).

Mit Sparta und dem *miles bellicus* geht das Staatsbürgerliche als Sinn- und Antriebsquelle für das Kriegerische und das Kämpfen des Soldaten verloren, wie auch die überzeitlichen Soldatentugenden mit Demokratie und Zivilgesellschaft nichts zu tun haben. Ihm geht auch die von der ZDV 10/1 „Innere Führung“ in Ziffer 401 geforderte Fähigkeit ab, „die Frage nach der Sinnhaftigkeit des Dienens zu beantworten, d. h. ethische, rechtliche, politische und gesellschaftliche Begründungen für soldatisches Handeln zu vermitteln“.

Die so bisher noch nicht gekannte Verwicklung von Kampftruppen der Bundeswehr im Afghanistan-Einsatz in blutige Gefechtssituationen mit aufständischen Taliban löste vor diesem Hintergrund einen Betrachtungswechsel des Stabilisierungseinsatzes aus und befeuerte eine von Vertretern der Denkschule Sparta betriebene Revisionsdebatte. Vom Ausgang her setzte ab 2007 für die Bundeswehr eine Kampfphase ein, die 2010 im sogenannten Karfreitagsgefecht bei Kunduz kulminierte. Schlussendlich waren 59 Todesfälle unter den Soldaten neben zahlreichen weiteren Verwundeten zu beklagen, die überwiegend Opfer von Überfällen und Hinterhalten von Talibankämpfern wurden.

Mit dem Kampfeinsatz setzte eine Berufsbilddebatte ein, in der eine „Generation Einsatz“ ihre Kampferfahrung verarbeitete. Zum Wortführer schwang sich eine aus den Kampftruppen kommende Gruppe an Offizierstudentinnen und -studenten auf, die sich 2016 mit dem Sammelwerk „Armee im Aufbruch“ (Bohnert/Reitstätter 2016) für die Denkschule Sparta stark machte. Das Autorenteam stellt sich, nicht gerade unbescheiden, in eine Reihe mit der Gruppe der „Leutnante 70“ und der „Hauptleute 84“. Auf welches Wohlwollen diese Kampfschrift stieß, wird an mehr als drei Dutzend Geleitworten aus Generals-, Politiker- und Professorenkreisen deutlich, darunter auch der damalige Wehrbeauftragte Hellmut Königshaus. Die Angriffslinie der Gruppe fußt auf der Kernaussage aller Spartaner, dass der Einsatz im Gefecht andere moralische und mentale Ansprüche an den Kämpfer stellt, als sie dem Soldaten durch den Athener und Staatsbürgern Uniform auferlegt werden. Gegenreaktionen blieben nicht aus, wobei die temporäre Kontroverse mittlerweile abgeebbt ist.

Zwei Aspekte haben für die Debatte um die Kampfeinsätze ein herausgehobenes Gewicht. Einmal zeichneten sich die in asymmetrische Gefechtsattacken verwickelten deutschen Einsatzsoldaten in ihrem Kampfgeist und Zusammenhalt bestens aus. Damit war die Feuertaufe der Kampftruppen-Soldaten des Heeres unter realen Kampfbedingungen bestanden. Unterstellt wird dabei, dass es bei der Bewährung im Kampf auf die klassischen soldatischen Tugenden ankomme, weil das zivile Umfeld dem Kämpfer nicht uneingeschränkt wohlgesonnen und zugeneigt ist. Wie Larsen Kempf dazu als Manko feststellt, ist der Bundeswehr ein Kriegerethos verweigert worden: „Wie der Bundeswehr die Ausprägung einer Krieger- und Kämpferidentität verwehrt blieb, so konnte sie auch kein Kriegsethos ausprägen, was in aktuellen multinationalen Einsätzen mit Spannungen verbunden ist“ (Kempf 2013: 195f.).

Wie indes aus der Prädisposition und psychischen Festigkeit des Soldaten für den Kampf auf Leben und Tod bekannt ist, ist auf die elementare Klammer der Kameradschaft in der Kampfgemeinschaft hinzuweisen, aus der vor allem die Bereitschaft und das Durchhaltevermögen zum Kämpfen herrührt (Biehl 2006, 2012). Einem Fehlurteil unterliegen die „Leutnante Generation Einsatz“ mit ihrer Ansicht, dass der Athener oder der Staatsbürger in Uniform unsoldatisch sei und zum Kämpfer nicht tauge. Verwechselt wird dabei die Frage, wie ein Soldat zum guten Kämpfer wird, mit der, wozu der Soldat kämpft, was ihn antreibt, sich dem Kampf zu stellen.

Die Frage nach dem höheren Zweck und dem Sinn des Kampfeinsatzes kann von den Verfechtern Sparta nur mit dem Rückgriff auf die gesellschaftliche Sonderrolle der Soldaten, gewissermaßen als eine Art von Schwertadel, beantwortet werden. Er stellt sich dem Kampf als Held mit Mannesmut und stirbt auf dem Feld der Ehre. Dieser noch aus dem Soldatentum des Kaiserreichs entlehnte Begriff wird zum Problem, wenn die egalitäre, pluralistische Gesellschaft dem Soldaten die Ehrerbietung versagt. Wird also dem Einsatzsoldaten nicht einmal der Rückhalt in der Gesellschaft zuteil, spielt das den Verfechtern von Sparta die Möglichkeit zu, den Soldaten von der Gesellschaft zu isolieren. Die individualisierte Zivilgesellschaft trifft sogar der Vorwurf der Dekadenz, was umso mehr die Abschottung der Armee von den zersetzenden Einflüssen der Gesellschaft erfordert.

Das Problem des zum Kämpfer verengten Einsatzsoldaten ist jedoch, dass er, entgegen dem vielfältigen Akteursensemble des Einsatzumfeldes, nur den „Feind“ im Gefecht kennt. Wie er zum Erfolg der Einsatzmission mit der Zivilbevölkerung, mit Dorfältesten, mit Regimevertretern, verbündeten Armeeangehörigen und Sicherheitsakteuren, mit Vertretern von NGOs umgehen, vernetzte Sicherheit im nicht gefechtsbezogenen Einsatzalltag herstellen soll, entzieht sich dessen Blickwinkel (Holz 2021: 36ff.).

Eine tiefe Kränkung löst die nicht nur unter Kampftruppen verbreitete Ansicht aus, für den Blutzoll des Kampfeinsatzes an der Heimatfront nicht die erwünschte Anerkennung und Wertschätzung zu genießen. Der Vorwurf an die politische und gesellschaftliche Heimatfront lautet, sich nicht vorbehaltlos und mit ganzem Herzen hinter die „Frontkämpfer“ zu stellen. In den Worten von Marcel Bohnert (2018: 103):

> Entgegen der Kriegsrealität, die deutsche Truppen seit spätestens 2007 erfahren mussten, gab man sich in der Heimat unverändert der Illusion eines humanitär orientierten Friedenseinsatzes hin, in dem Soldatinnen und Soldaten vor allem Schulen bauten und Brunnen bohrten. Auf politischer und höherer militärischer Ebene wurde trotz der allgemeinen

Lageverschärfung im deutschen Verantwortungsbereich lange versucht, das blumige Bild von Bundeswehrangehörigen als bewaffneten Entwicklungshelfern aufrechtzuerhalten.

Hieraus leitet Jan-Philipp Birkhoff (2014: 110f.) sogar den Vorwurf ab, dass der Verlust von Toten im Einsatz durch die Gesellschaft in der Heimat nicht mehr toleriert werden würde und dass in der Rückwirkung hierdurch die „Kampfmoral der Truppe“ und die „Kampfkraft“ im Gefecht mit dem Gegner erlahmen würde. Um sich diesem Negativeinfluss zu entziehen, helfe nur ein entpolitisierter und den „Unzulänglichkeiten der pluralistischen Gesellschaft“ fernstehender professioneller militärischer Führer, der seine Verhaltenssicherheit aus der Bindung an soldatische Tugenden bezieht (ebd.: 116f.). Zivilgesellschaftlicher „Diskurs und politische Differenzen“ würden auf den „Charakterzug eines militärischen Führers wie lähmendes Gift“ wirken (ebd.: 118). Auch ginge von der Idee, die Bundeswehr müsse die pluralistische Gesellschaft widerspiegeln, die Gefahr aus, die homogene „Geschlossenheit“ der Armee zu zerstören (ebd.: 119).

Für beide Vertreter der Gruppe „Generation Einsatz“ wird die angebliche gleichgültige bis ablehnende Haltung der Bevölkerung als kränkende Abweisung empfunden. Dem ist entgegenzuhalten, dass die Bundeswehr als Institution einschließlich ihrer Soldaten auf einen hohen Sockel an Ansehen und Wohlwollen in der Bevölkerung bauen kann. Bemerkenswert ist, wie viel Zustimmung und Vertrauen die Bundeswehr auch in jüngster Zeit bei der Bevölkerung findet (Wanner 2020: 130ff.). Gleichzeitig ist die Bevölkerung in konstanter Mehrheit über die Jahre davon überzeugt, dass die gesellschaftliche Einbindung der Bundeswehr geglückt sei (Graf 2020: 110ff.). Die Bruchstelle der Unterstützung der Bundeswehr liegt indes dort, wo militärische Gewalt ins Spiel kommt. Dann gilt: „Die Deutschen lehnen Missionen mit offensivem Charakter und Kampfeinsätze ab“ (Biehl 2016: 243).

Der Stellenwert der Bundeswehr und der von sicherheitspolitischen Fragen unterliegt traditionell einem verbreiteten Desinteresse. Zu verweisen ist dabei darauf, dass die engeren Verbindungen der Bevölkerung zur Bundeswehr sich mit der Abschaffung der Wehrpflicht und der starken Verkleinerung der Streitkräfte 2011 tendenziell gelockert haben. Inwieweit mit dem Ukrainekrieg sich die Bedrohungswahrnehmungen und Sicherheitsempfindungen der Bevölkerung stark verändern werden und dadurch der Blick auf die Bundeswehr in ein neues Licht getaucht wird, ist zunächst noch abzuwarten (Steinbrecher 2022).

Hieraus, wie an internen Bundeswehr-Umfragen ablesbar ist, von der soldatischen Seite aus ein Wertschätzungs- und Anerkennungsproblem zu machen, spricht eher für einen übersteigerten gesellschaftlichen Prestigeanspruch, für den in der postheroischen Zivilgesellschaft die Voraussetzungen weggefallen sind. Sie treffen in der Tat indes einen wunden Punkt, als

Soldatinnen und Soldaten in Auslandseinsätze geschickt werden, ohne beim Einsatz mit dem emotionalen Rückhalt der Bevölkerung rechnen zu können. Im Gegenteil war es mit Beginn der Kämpfe in Afghanistan sogar so, dass die begrenzte Zustimmung der Bundesbürger zu diesem Einsatz nochmals stark einbrach.

Nur, und hierin liegt ein kapitales Missverständnis der beiden Autoren Birkhoff (2014) und Bohnert (2018), schlägt nicht der Bundeswehr und ihren Einsatzkräften der Widerwille und die Ablehnung entgegen, sondern den verantwortlichen Regierungs- und Parlamentsvertretern, die bei der Rechtfertigung von Einsätzen und der Mobilisierung von öffentlicher Unterstützung auf ganzer Linie versagen. Nach dem überstürzten und schmachvollen Abzug der deutschen Einsatzkräfte und ihrer Helfer aus Afghanistan angesichts der Machtübernahme der Taliban Mitte 2021 offenbart sich das politisch zu verantwortende Scheitern der Stabilisierungs- und State Building-Mission nach westlichen Maßstäben, mit dem der Afghanistaneinsatz gegenüber der Bevölkerung in illusionärer Weise gerechtfertigt wurde (Lüders 2021). Wie Münch (2022: 24) urteilt, ging die Politik in den Einsatz ohne klares politisches Ziel und „kohärente Strategie“. Der Einsatz der Bundeswehr in Mali ist vergleichbaren politischen Legitimationsnöten sowohl gegenüber der Truppe als auch gegenüber der Bevölkerung unterworfen.

Das militärische und politische Scheitern der Afghanistan-Mission stellt der Inneren Führung speziell im Hinblick auf durchdachte, demokratisch glaubwürdig abgesicherte Einsatz-Missionen kein gutes Zeugnis aus, zumal die guten Vorsätze der Übertragung westlich-liberaler Demokratie- und Lebensweisevorstellungen an der Realität einer muslimisch geprägten feudal-patriarchalischen Stammesgesellschaft zerschellten. Rückblickend drängt sich damit die Frage auf, wofür der Blutzoll an 59 gefallenen Einsatzsoldaten erbracht wurde. Beim Mali-Einsatz zeichnet sich ein ähnlich malades Lagebild ab, was generell den Sinnbezug und die Wirksamkeit von Krisenvorsorge- und Stabilisierungsmissionen der Bundeswehr als Einsatzarmee hinterfragt.

Angesichts dieses Debakels, ist die Glaubwürdigkeit der Denkschule Athen mit ihrem Bild von friedensschaffenden Stabilisierungseinsätzen der Armee und vom hybriden Anforderungsprofil des Einsatzsoldaten infrage gestellt, wenn es sicherheitspolitisch nicht gelingen will, der Bundeswehr und der Öffentlichkeit die Nützlichkeit und Notwendigkeit einer Einsatzmission in einem fremden Land fern der Heimat für einen nachvollziehbaren realistischen Zweck verständlich und akzeptabel zu machen. Das Afghanistan-Desaster und der von Misserfolgen begleitete Mali-Einsatz untergraben jedenfalls den Glauben an die strategische Urteilskraft politischer und militärischer Entscheidungsträger.

Das Missverständnis der Anhänger Sparta war zu glauben, dass der Soldat vom Kämpfer zum bewaffneten Sozialarbeiter umgemodelt werden sollte. Nur so erklärt sich, dass sich im Januar 2011 ein Kreis ehemals hochrangiger Generale und Verteidigungspolitiker, darunter die Generale Bach, Beck und Kirchbach und der Wehrbeauftragte Robbe, allesamt qua Amt zuvor mit Innere Führung befasst, gemüßigt sah, per Koblenzer Erklärung (2011) „die besondere Betonung des „Kämpfers" im Anforderungsprofil des zukünftigen Soldaten" zu fordern. Der Einsatzsoldat wurde aber nicht, entgegen dieser haltlosen Besorgnis, einer Metamorphose zum Zivilisten bzw. Polizisten unterzogen. Den Einsatzbedingungen der Krisenprävention, Krisenstabilisierung und Krisennachsorge geschuldet, ging es darum, die Kämpferrolle des Soldaten im Sinne von *job enlargement* um zusätzliche Rollen zu erweitern.

Der Afghanistaneinsatz hat über die Verwicklung von Kampftruppen der Bundeswehr in hybride Gefechtssituationen dem spartanischen Denkansatz Tür und Tor geöffnet, um ein Einsatzszenario in den Mittelpunkt zu rücken, welches ausschließlich auf den Schießkrieg und das Gefecht fokussiert ist. Einsatzherausforderungen anders als Krieg im Rahmen vernetzter Sicherheit bleiben aus dieser Blickverengung ausgeklammert. Entsprechend wird im Einsatzsoldaten ausschließlich der Kämpfer, der *warrior* gesehen, der sich durch effizient angewendetes professionelles Militärhandwerk auszeichnet im Gegensatz zur dem Gewissen verpflichteten Kampfmoral des athenischen Bürgersoldaten. Der Einsatzsoldat erschöpft sich im Kämpfertum ohne staatsbürgerliches freiheitlich-demokratische Identitätsverständnis. All dies dient der Rückeroberung der Einsatzarmee Bundeswehr für das von den zivilen Komponenten der Inneren Führung bereinigte Militärische.

6 Innere Führung nach der Rückkehr der Bundeswehr zur Landes- und Bündnisverteidigungsarmee

Mit dem Ukrainekrieg ist die Einsatzarmee Bundeswehr nicht Vergangenheit, aber der Landesverteidigung wurde bereits seit 2016 offiziell erneut eine gleichgewichtige Rolle eingeräumt. Zunächst hatte das für die Struktur und Ausrüstung der Bundeswehr keine hinreichenden Konsequenzen, sondern im Vordergrund standen weiterhin Auslandsmissionen und die Bereitstellung von dafür erforderlichen Truppenkontingenten. Die Einsatzarmee hatte auch durch ihre starke Verkleinerung und Umwandlung zur Berufssoldaten-Armee einen neuen Charakter angenommen. Insofern kehrte nach dem Maidanaufstand in der Ukraine 2014 und der von Russland unterstützten Sezessionsbewegung in der Ostukraine sowie der russischen Okkupation der Krim die Bundeswehr in Absprache mit der NATO zu ihrem territorialen Verteidigungsauftrag zurück, ohne realiter entsprechende Konsequenzen folgen zu lassen. Sie blieb ein *Kompositum mixtum* aus internationaler Kriseninterventionsarmee und territorialer Verteidigungsarmee gegenüber einem expansiv auftretenden Russland. Zwar wurde der Verteidigungsetat deutlich erhöht. Doch stieg die Bundeswehr in ihrer Ausstattung und ihren Fähigkeiten zu einer Not leidenden Armee herab, die aus der Substanz lebt.

Nun hat sich mit dem nicht mehr für denkbar gehaltenen Überfall russischer Invasionstruppen auf die Ukraine seit dem 24. Februar 2022 eine tiefgreifende Zäsur in der Bedrohungslage ergeben, die am 27. Februar 2022 von Bundeskanzler Olaf Scholz im Bundestag mit einer „Zeitenwende" beantwortet wurde. Sie besteht für die Bundeswehr aus einer Sonderzuwendung von 100 Milliarden Euro und aus der zukünftigen Erhöhung des Verteidigungsetats auf die Zwei-Prozent-NATO-Norm. Zugleich wurde die angegriffene Ukraine mit diversen Waffenlieferungen unterstützt. Die Bundeswehr nimmt im Bündnis maßgeblich Teil an der Ostverlagerung von Truppen und Militärgerät unmittelbar in die Grenzregionen gegenüber Russland.

Vom sicherheitspolitischen Verständnis Deutschlands betreibt die neue Ampelkoalition eine Kurswende hin zu einer stark militärisch abgestützten machtstaatlichen Außenpolitik, die sich vom bisherigen Selbstverständnis Deutschlands als einer Friedensmacht lossagt. Für den tiefgreifenden Zeitenwechsel sind bislang nur die Weichen neu gestellt. Die Neujustierungen zeigen aber allesamt, was die Bedrohungslage und Kriegsgefahr angeht, in Richtung auf den Beginn eines anhaltenden neuen West-Ost-Konflikts, der weltanschaulich mit einer ideologischen Systemkonfrontation gepaart ist. Vieles erinnert an die lange zurückliegenden Zeiten des Kalten Krieges.

Aus diesem neuen Gefahren- und Bedrohungskontext leitet sich für die Bundesregierung der Auftragsschwerpunkt der Landes- und Bündnisverteidigung ab, wie von Kanzler Scholz auf der Generalstagung der Bundeswehr am 16. September 2022 bekräftigt wurde. Dies ist auch von der damaligen Verteidigungsministerin Christine Lambrecht am 12. September 2022 im Rahmen einer Grundsatzrede vor der Deutschen Gesellschaft für Auswärtige Politik (DGAP) zur in Arbeit befindlichen Nationalen Sicherheitsstrategie Deutschlands betont worden (BMVg 2022). Man müsse die Bundeswehr für Deutschland „wieder als zentrale Instanz für die Daseinsvorsorge betrachten". Und für die Bundeswehr soll Landes- und Bündnisverteidigung „künftig an erster Stelle unserer Prioritätenliste" stehen und wieder „Kerngeschäft" sein. Auslandseinsatzes sollten dabei dem Aufgabenkatalog nicht vollständig entzogen werden. Darüber hinaus formulierte die Ministerin für die außenpolitische Rolle Deutschlands ein neues militärisch abgestütztes Rollenverständnis. In ihren Worten: „Deutschlands Größe, seine geographische Lage, seine Wirtschaftskraft, kurz: sein Gewicht macht uns zu einer Führungsmacht, ob wir es wollen oder nicht. Auch im Militärischen" (ebd.).

Aus dem neuen vom Ukrainekrieg ausgelösten Bedrohungsszenario ergeben sich massive von Russland ausgehende Gefahren, denen sich die Bundeswehr im Schulterschluss mit den NATO-Verbündeten stellen muss.

Für die neue Landes- und Bündnisverteidigung der Bundeswehr an der Ostflanke der NATO muss ein bereits aus dem Kalten Krieg bekanntes Bedrohungsnarrativ herhalten. In den Worten des Kanzlers: Putin „will Russland in Europa als imperiale Macht etablieren – und zwar mit den Landkarten des Zarenreichs oder der Sowjetunion im Kopf" (Bundesregierung 2022).

Der Sinnvermittlungsgehalt dieses Bedrohungsparadigma ist indes nicht so durchschlagend, wie es noch zu Zeiten der kommunistischen Bedrohung durch die Sowjetunion in der Nachkriegszeit war. Ausgehend vom Angriffskrieg auf die Ukraine unterstellt das Narrativ Russland unter Putin die revisionistisch-imperiale Absicht, die alte Sowjetunion mit ihren unterjochten Vasallenstaaten wieder herstellen zu wollen. Dies wäre indes nur plausibel, solange wie der russische Überfall auf die Ukraine als erster Schritt der territorialen Machtausdehnung zur Restitution der alten sowjetischen Machtverhältnisse gedeutet wird. In ein anderes Licht wird jedoch, wie es beispielsweise Klaus von Dohnanyi mit seinem Buch „Nationale Interessen" (2022) tut, das Verhalten Russlands getaucht, wenn der Einmarsch in die Ukraine als eine Gegenwehr-Reaktion gedeutet wird, mit der Russland die Aufnahme der Ukraine in die NATO verhindern wollte. Diese Erklärungslogik des Ukrainekriegs dreht das Bedrohungsparadigma gewissermaßen um. Danach nimmt die NATO-Osterweiterung den Charakter einer Bedrohung für Russland ein und hat, nachdem die NATO sich einem von Russland geforderten neutralen Status der Ukraine verweigerte, die Invasion russischer Truppen in das Land zur Folge.

Diesen Gedankengang und die damit geäußerte Kritik betonte bereits vorher der renommierte US-amerikanische Politikwissenschaftler John Mearsheimer (2014), der als führender Vertreter der Denkschule des Neorealismus in den Internationalen Beziehungen gilt und daher den mit dieser Denkschule verbundenen Selbstbezug auf den eigenen Staat sowie den Machtgewinn in den Mittelpunkt seiner Argumentation rückt. Er erzählt die Geschichte nicht beginnend mit der Annexion der Krim, sondern mit der Wiedervereinigung Deutschlands. Folglich klagt er konsequenterweise den Westen an: „Die Hauptschuld an der Krise tragen die USA und ihre europäischen Verbündeten. An der Wurzel des Konflikts liegt die NATO-Osterweiterung, Kernpunkt einer umfassenden Strategie, die Ukraine aus der russischen Einflusssphäre zu holen und in den Westen einzubinden. Dazu kamen die EU-Osterweiterung und die Unterstützung der Demokratiebewegung in der Ukraine durch den Westen, beginnend mit der Orangenen Revolution 2004“ (ebd.: 153). Ein Affront, so also Maersheimer, durch den Westen. Dazu kommt die zwar schlank belegte kurze Darstellung des Schweizer Majors Gotthard Frick: „Aber Russland hatte nicht mit der traditionellen Machtpolitik der USA/NATO gerechnet“ (Frick 2021: 20). Und auch er bezieht seine Argumentation auf die Geschichte vor der Annexion der Krim unter Nennung zahlreicher, geradezu erdrückender Fakten, die das westliche Narrativ infrage stellen. Und er kommt zu dem Ergebnis, dass der Westen sich eingestehen sollte, dass der langfristige Versuch, die Ukraine ins westliche Lager zu ziehen, Russland in unzulässiger Weise provoziert und auch militärisch bedroht hat (ebd.: 21). Mit größerem zeitlichem Abstand wird über solche Standpunkte zur Entwicklungsgeschichte des Konflikts erneut zu diskutieren sein. Eine Rechtfertigung des völkerrechtswidrigen Angriffskrieges Russlands gegen die Ukraine ergibt sich daraus nicht.

Die von Mearsheimer und Frick eingenommene Sicht der Dinge kann die politische Führungsschicht der Bundesrepublik zusammen mit der NATO nicht akzeptieren, weil die militärische Stärkung der Ostflanke der NATO ihre Rechtfertigung durch das seitenverkehrte Bedrohungsparadigma verlöre. Jedenfalls leitet die wechselseitige Bedrohungsprämisse einen neuen und unfriedlichen militärischen Rüstungs- und Abschreckungswettlauf ein, der zu Verhältnissen des Kalten Krieges zurückführt. Die von Russland ausgehende Gefahr des Atomwaffeneinsatzes ist dabei nicht von der Hand zu weisen.

Alles wiederholt sich für die Bundeswehr; ihr ursprüngliches Kriegs- und Bedrohungsbild indes nicht. So führt die Zeitenwende nicht wie während der

Zeit des alten Ost-West-Konflikts wieder zur alten Landesverteidigung im Bündnis zurück, sondern legt das Schwergewicht auf die Bündnisverteidigung selbst. Es geht auch nicht mehr um die unmittelbare Bedrohung der Bundesrepublik an der Nahtstelle des Eisernen Vorhangs, die den alten Bundeswehrsoldaten als „geborenen Vaterlandsverteidiger" mit Sinngehalt versah. Denn mit der Osterweiterung der NATO hat sich die unmittelbare militärische Bedrohungslage nach Polen und zu den baltischen Staaten an die Grenzlinie zu Russland hin verschoben, was mit der grenznahen Dislozierung von NATO-Truppen verbunden ist. Deutsche Truppenkontingente sind an dieser Vorneverteidigung maßgeblich beteiligt.

Der Schutz- und Trutz-Gemeinschaft zwischen Bundeswehr und der deutschen Bevölkerung, wie sie über die Wehrpflichtarmee zu Zeiten des Kalten Krieges bestand, ist damit ebenfalls die Basis entzogen. Militärischer Schutz wird nun zuallererst östlichen Bündnispartnern der NATO gewährt, welche im russischen Angriffsfall mit dem kollektiven Beistand der NATO-Staaten rechnen können.

Zwar ist nun wieder die alte Abschreckungs- und Kriegsverhütungsfunktion gefragt. Nur hat sie nur noch mittelbar mit der staatsbürgerlichen Verteidigung der eigenen Heimat zu tun und verlangt deshalb aus Sicht der Inneren Führung nach einer veränderten Legitimationsformel und Sinngebungsstrategie. Innengekehrte Konzepte wie Haltung, Habitus oder Mindset erfüllen dies jedoch eher nicht.

Zwar bleibt es grundsätzlich für den Soldaten dabei, für den Schutz und die Verteidigung von demokratischer Staatsordnung und freiheitlicher Lebensform des eigenen Landes einzutreten. Doch die Gleichsetzung von Staatsbürger in Uniform und Vaterlandsverteidiger verliert an Glaubwürdigkeit. Nach dem neuen Bedrohungsparadigma ist die freiheitlich-demokratische Lebensordnung der Bündnisstaaten der NATO in Gefahr, wobei im globalen Maßstab neben Russland auch noch das autokratische China als Gefahrenquelle hinzukommt. Jetzt schon im laufenden Ukrainekrieg wird von der Politikebene her das Argument vorgebracht, in der Ukraine würde die Freiheit Europas gegen den russischen Aggressor verteidigt. Hierbei lässt sich der Bogen zu der neuen, erklärtermaßen wertebasierten Außenpolitik der Ampelkoalition schlagen, die sich mit dem Systemkonflikt-Paradigma verbindet.

Doch wird es legitimatorisch darauf ankommen, ob sich solch ein politisch-ideologisch angereichertes Bedrohungsschema nach dem Motto „Freiheit versus Unfreiheit" bzw. „Demokratie versus Autokratie" in das Gefahrenbewusstsein der Bevölkerung verankert lassen wird und auch für die Verteidigungsmoral des Bundewehrsoldaten ein identitätsstiftendes Wertefundament liefern kann.

Anders als bei der aggressiven kommunistischen Bedrohung und bipolaren Systemkonfrontation in den Gründerjahren der alten Bundeswehr kann bei dem wieder reaktivierten Bedrohungsparadigma der Zeitenwende nicht damit gerechnet werden, dass es nach Ende des Ukrainekriegs auf einhelligen Rückhalt in der Bevölkerung stoßen könnte.

Binnenorganisatorisch kommt hinzu, dass eben keineswegs zweifellos klar ist, wer ursächlich die Schuld trägt. Und an dieser Stelle fordert Innere Führung den Staatsbürger in Uniform als Lehre aus der nationalsozialistischen Vergangenheit, als die Wehrmacht das Land in einen Angriffskrieg führte und Europa ins Verderben. Ziel muss es also sein, dem Soldaten sein eigenes Urteil abzuverlangen. Und dies ist angesichts der verringerten Evidenz, die der Bündnis- im Gegensatz zur Landesverteidigung zukommt, nicht mehr so einfach wie zur Zeit des Kalten Krieges, gleichwohl leichter, als die Legitimation von Auslandseinsätzen. Sind dabei doch die Politiken der Anrainerstaaten vor Kriegsbeginn genauso zu berücksichtigen wie die eigene Politik vor der Krise (vgl. Buchner 2022: 317ff.). Insofern erfordert Bündnisverteidigung legitimatorisch weit mehr schlüssige Erklärungen als die durch ihre Evidenz bestechende Landesverteidigung im Angesicht des erfolgten Angriffs. Und da ist – wenigstens nach athenischem Anspruch – der Soldat als Staatsbürger gefordert.

In ihrer Struktur und ihrem Binnengefüge wird die Bundeswehr mit dem Zeitenwechsel als NATO-Bündnisarmee auf militärische Hochrüstung und Kampfertüchtigung umgepolt, um als stärkster europäischer Truppensteller die Hauptlast der Kriegsverhütung und Kriegsführungsfähigkeit zu übernehmen. Diese verbirgt sich unter dem neuen Leitbegriff der „Führungsmacht" Bundeswehr.

Die auf militärische Aufrüstung und Abschreckung sowie ideologische Systemkonfrontation gestellten Vorzeichen der Zeitenwende reichen an die Innere Führung in Gestalt des Selbstverständnisses und der Identität der Bundeswehr heran, wovon ebenfalls die Führungskultur und das Leitbild des Soldaten berührt sind. Wie bereits herausgearbeitet wurde, ist sie im Gegensatz zu den verschiedenen Strukturreformen der Armee nie auf offizieller Ebene an die Gezeiten-Umbrüche angepasst worden. Sie stützt sich in ihrem normativen Leitbildcharakter auf eine Unternehmensphilosophie und Führungskultur, die in ihrer Substanz noch bis auf die Anfänge der Bundeswehr zurückreichen. Auch steht sie weiterhin zum Leitbild des Staatsbürgers in Uniform, das den Soldaten als ein vollwertiges Mitglied der freiheitlich-liberalen Demokratie und pluralistischen Gesellschaft auslegt.

Noch fehlen in Gesetzesform gebrachte Parlamentsbeschlüsse und Richtlinien für die Bundeswehr, die den machtstaatlichen sicherheitspolitischen Paradigmenwechsel in eine handlungsleitende Gussform bringen würden.

Gewiss ist jedenfalls, dass die Bundeswehr bei ihrer gegenwärtigen Unterfinanzierung und maroden Ausrüstung einen so bisher noch nicht erlebten Aufrüstungs- und Modernisierungsschub durchmachen wird. Und mit dem militärischen Strukturaspekt ist auch der Kulturaspekt berührt, der mit der Frage einhergeht, inwieweit die Innere Führung, also das Selbstverständnis, die Führungskultur und die Identität des Soldaten an die Zeitenwende mit ihrer neuen Bedrohungs- und Auftragslage angepasst werden müssen.

Die Wiederausrichtung der Bundeswehr auf militärische Abschreckung und Führungs- und Durchhaltefähigkeit gegenüber einem gegen die NATO auf europäischen Boden ausgetragenen Krieg rückt die alte Formel des Heeres vom „Kämpfen können und kämpfen wollen, um nicht kämpfen zu müssen" erneut in den Mittelpunkt der Sinngebung der Bundeswehr und macht sie tendenziell zu einer bewaffneten Macht von Kämpfern.

Dies lenkt Wasser auf die Mühlen der Denkschule Sparta, da das Staatsbürgerliche und das Zivilbürgerliche des Staatsbürgers in Uniform und das Leitbild der Armee in der Demokratie dadurch ins Abseits geraten können. Dem geborenen Vaterlandsverteidiger, der aus innerem Antrieb und aus tiefster freiheitlicher Überzeugung und demokratischer Gesinnung zu den Waffen eilt, geht ebenfalls die Glaubwürdigkeit für den Waffendienst verloren. Übrig bleibt der professionell geschulte Berufs- und Zeitsoldat, der aus seiner Spezialistenrolle als Experte der Androhung und Anwendung militärischer Gewalt seine Identität und seinen Berufsstolz bezieht.

Auf der einen Seite ergibt sich für Holz (2021: 111ff.) nur insoweit für die Innere Führung ein gradueller Anpassungsbedarf, wie die Leitvorstellungen, wie sie in den älteren Dokumenten und hier speziell dem Handbuch der Inneren Führung von 1957 bereits formuliert wurden, nur praxisbezogen konkretisiert werden müssten. Nur wird das Konzept in seinem ganzheitlichen Stellenwert missverstanden, wenn es, wie Holz fordert (ebd.: 125f.), die Innere Führung ausschließlich in den Dienst der „Einsatzbereitschaft" und „Schlagkraft" der Bundeswehr gestellt werden sollte. Genau in diese Richtung werden jedoch von der Leitung des Verteidigungsministeriums Vorstellungen verbreitet, die einer krassen spartanisch-militaristischen Auslegung der Inneren Führung gleichkommen. Eine merkwürdig spartanische Rhetorik ist auch vom Zentrum Innere Führung, zu vernehmen und in den jüngsten Themenheften des Jahrgangs 2020 folgende der IF-Zeitschrift für Innere Führung dokumentiert. Vor allen Dingen wird sich an dem in der Erarbeitung stehenden „Mindset LV/BV" ablesen lassen, inwieweit der Soldat als Kämpfer noch mit dem Staatsbürger in Uniform zu tun haben wird.

Auf eine substantielle Entleerung der Inneren Führung hin zu gutem Führen zielt auch das 2017 vom Ministerium aufgelegte Programm „Innere Führung – heute." Es geht darum, „Verbesserungen der Rahmenbedingungen für gutes Führen zu erzielen und damit Vorgesetzte in ihrer täglichen Arbeit zu unterstützen." Mittlerweile wurde hierzu ein Abschlussbericht verfasst mit dem Titel „Innere Führung – heute" (BMVg 2021), der den Umsetzungsstand der ausgewählten Maßnahmen erfasst. Es werden zahlreiche organisationsbezogene Verbesserungen der Führungskultur der Bundeswehr beschrieben, die um „gute Führung" kreisen, während die konzeptionelle Weiterentwicklung der Inneren Führung auf die lange Bank geschoben wird.

In eine vergleichbare Richtung geht die vom Heeresinspektor der Bundeswehr am 8. Juni 2021 gestartete Heeresinitiative „Meine Innere Führung", für die seit Sommer 2022 ein interner Abschlussbericht vorliegt (Kommando Heer 2021). Ein Teil der Initiative bestand aus der sogenannten InFü-Challenge als Aufforderung an die Soldatinnen und Soldaten des Heeres, über beispielgegebenes Verhalten hinsichtlich loyaler Kameradschaft, gegenseitigem Respekt und professionellem Selbstverständnis im Dienstalltag zu berichten.

Vom Ansatz her ist die Initiative zu begrüßen, weil sie die komplexen Bausteine der Inneren Führung per „Notizbuch" vereinfachend in eine alltägliche und „unverschriftliche Sprache" für den Truppenalltag herunter bricht. Der Anspruch an die Soldatinnen und Soldaten wird mit konkret Erlebtem verknüpft. Doch verkümmert die Innere Führung über das so gewählte Verfahren, sie alltagstauglich zu machen, sinnentleert auf ein schieres Instrument zur Stärkung der Kampfmoral. Um sie darauf zuzuschneiden, wird im Abschlussbericht 2021 zur Umsetzung der Heeresinitiative „Meine Innere Führung" (Kommando Heer 2021: 11) behauptet, die Innere Führung sei „von ihren Gründungsvätern nicht als weiches Thema, sondern als konstitutiver Bestandteil kampffähiger und -williger Streitkräfte konzipiert worden" Der Einsatzwille bedürfe „eines belastbaren, verinnerlichten persönlichen Wertekompasses, der definiert, wie wir dienen" (ebd.). Dabei wird eine Kausalität für das Tun und Lassen postuliert und in Werten verklausuliert. Nicht erkennbar wird der soziale Charakter. Schließlich, so lehrt die Soziologie, muss sich das Individuum auf solche Werte deutend beziehen. Und dazu halten diese einen Sinnüberschuss bereit. Kausalität ist damit gerade nicht zu begründen, ganz im Gegenteil. Dies liefern eher psychologische Konzepte wie Haltung als kaum hinterfragter Gehorsam, Loyalität als eine Art Nachlaufen oder Traditionen als Selbstverständlichkeiten.

Dermaßen einer Aushöhlung in Richtung Kampffähigkeit und Kampfwilligkeit ausgesetzt, bleibt von der Inneren Führung nur ein Torso. Wie schon in den Anfangsjahren der Bundeswehr üblich entledigt man sich des geistigen Überbaus der Bundeswehr mit der Formel, dass man sie doch praktizieren würde. Die Praxis, die man jedoch meint, verbindet sich einseitig mit der Denkschule Sparta.

7 Der Spartaner als Kämpfer und Krieger

Mit der Zeitenwende treiben Bestrebungen vor allem von oben die Bundeswehr zum Krieg und zum Kämpfer zurück, wie es die Denkschule Sparta vorzeichnet. Aus diesem Blickwinkel ist dem klassischen Verständnis nach der Soldat Kämpfer. Mit seinem Können, seiner Moral und psychischen Belastungsfähigkeit kommt er als Waffenträger im Feuergefecht zum Einsatz. Und diese stellt ihn in die existenzielle Ausnahmesituation, den gegnerischen Feind auf der anderen Seite zu vernichten, zu töten, oder aber auch selbst Opfer der gezielten Einwirkung von Waffengewalt zu werden, also verwundet, sogar getötet zu werden.

Nach diesem Denkansatz bilden Soldat und Kämpfer, in welcher organisatorischen Verfasstheit einer Armee auch immer, eine unzertrennliche Einheit. Aus der Verinnerlichung von überzeitlichen soldatischen Tugenden gewinnt der Kämpfer seine Identität und bewährt sich seiner Bestimmung nach im Feuergefecht.

Nun bildet der Kämpfer zwei unterschiedliche Identitäten aus, welche für das Verhältnis zur gesellschaftlichen Umwelt von großer Bedeutung sind. Der *extrinsische Kämpfertyp* findet seinen Berufsstolz und sein Selbstwertempfinden in dem Prestige und dem emotionalen Rückhalt, welches ihm die Vertreter des Staates, der Öffentlichkeit und der Zivilgesellschaft entgegenbringen. Dieser außengeleitete Identitätsbasis des Kämpfers wurde noch, beginnend mit den Befreiungskriegen über das Kaiserreich bis hin zur Wehrmacht, durch soziale Geltungskategorien wie Kriegsheldentum und Standesehre entsprochen (Schilling 2002: 22ff.). Hohes gesellschaftliches Prestige des Militärs und die Heldenhaftigkeit der Kriegsteilnehmer waren speziell für das Kaiserreich prägend (Neitzel 2020: 26ff.). Für „Volk und Vaterland" zu sterben, war also eines der ehrenvollsten Opfer, die ein Kämpfer für die Gemeinschaft erbringen konnte. Entsprechend prägten Kriegerdenkmäler und Heldengedenktage das gesellschaftliche Leben.

Von seinem Identitätskern her wird der extrinsische Kämpfer vom Hingabe- und Opfergedanken geprägt und der Gewissheit, einen besonderen Ehrenberuf auszuüben. Die öffentliche Prestige- und Ehrerbietung kann sich aus der Zugehörigkeit zu einer elitären, auserwählten Statusgruppe hoher sozialer Rangstellung herleiten. Bei beiden Varianten besteht die Gefahr, sich verstärkt zur Umwelt hin abzugrenzen und einer moralischen Selbstüberhöhung zu frönen. Fällt diese Wertschätzung und soziale Anerkennungsbasis weg, wird das extrinsische Kämpfertum um seine Antriebsquelle gebracht und mit tiefer Enttäuschung beantwortet. Der Kämpfer findet nicht zu seiner Identität, weil er in seinem Geltungsanspruch zurückgewiesen und tief verletzt wird.

Bekannt ist, dass die postheroische, durch und durch militärferne Zivilgesellschaft dem Kämpfer diese Ehrerbietung nicht entgegenbringt.

Der *intrinsische Kämpfertyp* bezieht seine Identität aus anderen Motivationsquellen. Diese gehen mehr auf den Frontkämpfer-Mythos des Ersten Weltkriegs zurück, so wie er vor allen Dingen von Ernst Jünger in seinem 1920 erstmals erschienenen Schlüsselwerk „In Stahlgewittern" Gestalt angenommen hat (vgl. Kuenzlen 2013: 111f). Während der extremistische Kämpfer für die Gemeinschaft, für die Freiheit, für eine große Sache ein Opfer erbringt, findet der intrinsische Kämpfer in der existenziellen Grenzerfahrungssituation des Gefechts innengeleitet zu sich selbst. Er wird in einem existenziellen Daseinsverständnis auf sich selbst zurückgeworfen und das in ichbezogener Form. Der intrinsische Kämpfer verkörpert auf eine selbstverliebte Art einen Selbstfindungs- und Selbstverwirklichungstypus. Er gibt sich dem Rausch des entzivilisierten Fronterlebens hin. Er erlebt im Kampf seine Blutstaufe und begegnet ihm mit brachialer Todesverachtung. Der Kampf entscheidet über die persönliche Bewährung der Mannhaftigkeit und der Selbstüberwindung zum Tode.

Eine Verbindung zwischen den offiziellen und gelebten Leitbildvorgaben des Soldaten in der Bundeswehr zum intrinsischen Kämpfertum herzustellen, war lange Zeit tabu, zumal dieses in seinem nihilistischen Selbstbezug des Soldatischen jegliche Verbindung zur Zivilgesellschaft und zu politischen Leitvorstellungen aufgekündigt hat. Wie Michael Jenewein (2019) aufzeigt, greift jedoch die Bundeswehr in ihrer jüngeren Nachwuchswerbung auf das individuelle „Selbstfindungs"- und „Menschwerdungs"-Streben des Kämpfers zurück, wenn sie an Werbesprüchen wie „Wer gibt dir den Glauben an dich selbst", und „Wie weit kannst du kommen, wenn du an dein Limit gehst" und „Nur wenn du deine Grenzen suchst, kannst du deine Stärken finden" ihre Zielgruppenkampagnen ausrichtet (ebd.: 30 f). Für Jenewein sind Querbezüge zu Ernst Jüngers existenzialistischen Selbstwerdungsideen unübersehbar (ebd.: 32). In der Bundeswehr sind sie derzeit noch in die umgangssprachlich unscheinbar wirkenden Vokabeln wie Charakter, Haltung oder Mindset gekleidet und sollen unter dem Stichwort Persönlichkeits-, statt Politischer Bildung vermittelt werden. Damit bleibt allerdings bezüglich Innerer Führung und im Gegensatz zu ihrem Legitimationsanspruch das kollektive Begründungsmoment auf der Strecke. Dann wird in der Sprache der Spartaner Dienen Selbstzweck und vom Wofür entkoppelt. Und solche Soldaten kann man dann für alles einsetzen. Innere Führung wäre damit de facto abgeschafft. Jedenfalls wäre sie als Lehre aus der nationalsozialistischen Vergangenheit, dass nämlich „die herkömmlichen soldatischen Wertvorstellungen, Normen und Verfahren den Lockungen und Drohungen des Unrechtssystems nicht gewachsen waren" und dass „[d]ie vielbeschworene Kameradschaft gegenüber Menschen wie Schleicher und Fritsch, gegenüber nichtarischen Kameraden und anderen Diffamierten weithin versagt [hatte]; das Gefühl, mitverantwortlich zu sein bei der Ausführung oder Duldung eindeutig verbrecherischer Befehle, sich mit wenig einleuchtenden Entschuldigungen [hatte] betäuben lassen. Die soldatischen Tugenden hatten nicht vor falschen Kompromissen bewahrt; sie hatten sie sogar gerechtfertigt" (Baudissin 1970: 267f.), so müsste man es aus dem Blick Baudissins folgern, über Bord geworfen.

Während der Bezug zum Kämpfer speziell beim Heer allgegenwärtig identitätsprägend ist, kann dies von Versuchen, den Krieger in die Identitätsdebatte des Soldaten der Bundeswehr einzuführen, nicht im gleichen Ausmaß behauptet werden. Ein Versuch ist mit dem Soziologen Herberg-Rothe (2010) verbunden. Dieser brachte in Anlehnung an US-amerikanische Literaturquellen (Coker 2007, Kaplan 2001) die These auf, dass sich mit den Umbruchjahren Anfang der 1990er-Jahre das Leitbild des Kriegers, des *warriors*, in Abgrenzung vom Soldaten verbreiten würde (Herberg-Rothe 2010: 404). Der Krieger löse gewissermaßen auch den alten „Staatsbürger in Uniform" ab. Der sei „im Herzen Zivilist" und würde mit der Einsatzrealität von „Krieg und Gewalt" obsolet (Thiele/Herberg-Rothe 2011: 28).

Für Herberg-Rothe (2010) leitet sich die neue Kriegeridentität unter Armeeangehörigen von einem elementaren Gefahrenerleben und dem Mangel an gesellschaftlicher Anerkennung her. Hierauf würden Soldaten sich gesellschaftlich abgekapselt fühlen und selbstbezogen auf eine eigenständige Kriegeridentität zurückziehen. Sie stützten sich dabei auf einen professionellen militärischen Eliteanspruch, auf einen zivil distanzierten kriegerischen Ehrbegriff und auf eine ritterliche Wertemoral. Der Kriegertyp verfüge über eine starke Wertgebundenheit, eine klare Distanz gegenüber der Zivilgesellschaft und ein hohes Maß an Professionalität (ebd.: 409). Während der Kämpfer nur eine einzige Dimension soldatischen Handelns verkörpere, repräsentiere der Krieger verschiedene Aufgaben, die sich an die drei Einsatzkategorien der Bundeswehr, nämlich Kampf, Stabilisierung und Unterstützung anlehnen würden.

An dieser typologischen Zuordnung und Abgrenzung irritiert, dass Herberg-Rothe, nachdem er dem Staatsbürger in Uniform eine rein zivile Identität zuschreibt und den Kämpfer auf einen eindimensionalen Soldaten verengt, er gerade den Krieger mit einem hybriden Soldaten einer Einsatzarmee gleichsetzt, der nicht nur kämpft, sondern auch noch stabilisiert und unterstützt.

Deshalb befremdet umso mehr, wenn der Krieger auf ein vordemokratisches Ehrverständnis zurückgreift und eine Sondermoral vertritt, die ihn in Gegensatz zur demokratischen Gesellschaft bringt. Der Ehrbegriff des Kriegers bildet nach Thiele/Herberg-Rothe (2011: 30) sogar ein „Distinktionsmerkmal gegenüber dem Zivilen". Hieraus ergebe sich die Gefahr, dass sich eine abgekapselte, autonome und selbstreferenzielle Krieger-Identität in der Bundeswehr entwickeln könne (ebd.: 27).

Einen Lösungsweg dafür, den gesellschaftlich abgesonderten Krieger als „republikanischen Soldaten" in einen demokratiekompatiblen Krieger umzuwandeln, erblickt Rothe-Herberg (2010: 427) in der Verklammerung der liberaldemokratischen Gesellschaft mit dem Ethos des Kriegers über klassische republikanische Tugenden. Er verweist dabei auf Klugheit (Weisheit), Gerechtigkeit, Tapferkeit und Mäßigung. Wie jedoch dieser aristotelische Kanon von Kardinaltugenden mit den Grundwerten liberaler Demokratie, auf denen die Innere Führung fußt, übereinstimmt und dann noch mit der Kriegermoral kompatibel zu machen wäre, bleibt ein Rätsel.

Ergebnis wäre jedenfalls die Armee, die sich unabhängig von ihrem je erteilten Auftrag aus ihren eigenen Idealen speist. Sie wäre von der gesellschaftlichen Außenwelt abgekapselt, also wieder der althergebrachte „Staat im Staate".

Der Versuch, eine Kriegerdebatte in die Bundeswehr hinein zu tragen, trug zunächst keine weiteren Früchte. Dafür war der Begriff des Kriegers auch zu sehr mit der nationalsozialistischen und auch kaiserlichen Militärtradition verhaftet und konnte deshalb nicht in das Gedankengut der Inneren Führung mit eingebracht werden.

Nun schließt der Militärhistoriker Neitzel mit seinem voluminösen Werk „Deutsche Soldaten" (2021) wieder an die versandeten Bestrebungen an und scheint auf größere Resonanz in der Bundeswehr zu stoßen. Die Kriegerdebatte wird dadurch erneut zum Leben erweckt und scheint im Rahmen der spartanischen Aushöhlung der Inneren Führung prominente Unterstützung zu erfahren.

Die Ausgangsthese seiner Militärgeschichte ist, dass im Gefolge der intensiven Kampfhandlungen der Bundeswehr in Afghanistan zwischen 2008 und 2011 der Kämpfer zum „Selbstbild der Truppe" geworden sei. Und nun nach der Ukrainekrise von 2014 käme es zur Rückkehr des „kalten Kriegers" (Neitzel 2021: 15). Neitzel wählt dem Begriff Krieger für die Rekonstruktion der deutschen Militärgeschichte seit dem Kaiserreich ganz bewusst, weil für ihn dadurch die „archaische Seite des Soldatenberufs" erfasst würde (ebd.: 21). Um ihn hätten sich die „großen Debatten um Tradition und Identität der

Streitkräfte“ gedreht. Und bei ihr „ging es stets um die Frage, wie es die Bundeswehr mit dem Kämpfen, Töten und Sterben hielt“ (ebd.).

Ohne den belasteten Begriff des Kriegers genauer zu explizieren und von dem des Kämpfers abzugrenzen, subsumiert er die Soldaten der Kaiserzeit, der Wehrmacht und der Bundeswehr unter dem Oberbegriff der Krieger. Militärgeschichtlich wird dabei der Kämpfer reichlich nebulös „in eine zurückreichende Ahnenreihe von Kriegern“ gestellt (ebd.: 13). Hier wäre schon die Rezeption des Kriegerkonzepts von Herberg-Rothe zweckdienlich gewesen, dem eine Abgrenzung gegenüber dem Staatsbürger in Uniform und Kämpfer zugrunde liegt. Wie Neitzel (2021: 219) zumindest hervorhebt, bestimmt sich für ihn das Kriegertum im „Opfertum“ als solchem.

Dem Krieger für die Identitätsbildung der Soldaten deutscher Armeen einen dermaßen zentralen Stellenwert einzuräumen, gelingt Neitzel nur dadurch, dass er seine Militärgeschichte speziell auf das deutsche Heer und hier nochmals verengt auf die Kampftruppen fokussiert. Diesen Spezialtruppen räumt Neitzel eine kulturelle Sonderstellung innerhalb der Streitkräfte ein. Sie verfügten über eine militärische Subkultur, wofür er den Begriff „tribal culture“ einführt. Dazu führt er aus: „Ihre Ausrichtung auf das Gefecht formte eine Kriegerkultur, die über alle politisch-gesellschaftlichen Zäsuren hinweg ein hohes Maß an Kontinuität aufwies“ (ebd.: 19).

Gegen diese militärhistorisch ungewöhnlichen Pauschalisierungen lässt sich Einiges einwenden. So lassen sich, da das Kriegertum eng mit den Kampftruppen und ihrer Sondermoral verknüpft ist, die auf diese Gruppe gemünzten Aussagen nur sehr begrenzt auf die Bundeswehr als Ganzes übertragen. Fragwürdig wird von daher auch sein Ansatz, dass Kriegertum als subkulturellen soldatischen Identitätskern der Kampftruppen des Heeres wie eine Folie identitätsbildend der kaiserlichen Armee, der Reichswehr, der Wehrmacht und der Bundeswehr unisono überzustülpen. Dabei zählt der Krieger nur sehr entfernt zur Denkwelt von Einsatzoffizieren der Bundeswehr (Tomforde 2020: 98).

Zur Absicherung seiner These behauptet Neitzel, dass die Innere Führung nie bei den Soldaten der Bundeswehr inklusive der Offiziere auf Akzeptanz gestoßen sei. Dies widerspricht indes dem Informations- und Akzeptanzgefälle, auf das nach Befragungen das Konzept bei Offizieren, Unteroffizieren und Mannschaften stößt (Dörfler-Dierken/Kramer 2014: 20ff.).

Gerade als Militärhistoriker weiß Neitzel sicherlich um den Krieger als einem wehrmachtskontaminierten militärischen und öffentlichen Tabubegriff und davon, dass eine militärische Kriegerkultur zeithistorisch nach 1945 verfallen ist. Richtig zu stellen ist gegenüber Neitzel auch der Zusammenhang, dass es beim Krieger um einen aus den USA importierten Debattenbegriff geht, welcher der Berufsbildkontroverse in der Bundeswehr bislang fremd blieb. Zudem wäre für den militärsoziologisch und militärgeschichtlich tragfähigen Umgang mit dem Kriegerbegriff eine entwicklungstypologische Herleitung aus historischen Kriegerbildern oder eine Einordnung in den deutschen kulturhistorischen Sprachkontext Preußens und des Kaiserreichs bis hin zur rassenideologischen Vereinnahmung des Begriffs durch das NS-Regime erforderlich.

Indem Neitzel mit seiner fragwürdigen Kontinuitätsthese den Kriegerbegriff für die gegenwärtige Berufsbilddebatte in der Bundeswehr salonfähig zu machen versucht, verdeckt er, wie Uwe Hartmann einwendet (Briefwechsel Hartmann-Neitzel 2022: 31), die Tatsache, dass es sich mit der Verbreitung einer *Warrior Culture* unter jungen Offizierinnen und Offizieren nur um eine „Gegenkultur zur Inneren Führung" handeln kann. Diese Sicht muss Neitzel verschlossen bleiben, wenn er der fragwürdigen These anhängt, dass die abstrakten Prinzipien und Leitnormen der Inneren Führung in der Bundeswehr keine Akzeptanz gefunden hätten, aber sich gleichwohl die militärische Führungskultur und das Zusammenleben praktisch danach gestalte.

Sollte der Kriegerbegriff in der Bundeswehr Verbreitung finden, werden die Herzen der Spartaner höherschlagen. Doch der enorme Reputationsschaden, der mit einer Krieger-Armee in Öffentlichkeit und Gesellschaft angerichtet werden würde, sollte die Bundeswehrführung dazu veranlassen, der ominösen Implantation der Kriegerdebatte in die Bundeswehr einen Riegel vorzuschieben.

8 Schluss

Die Bundeswehr hat über ihre Transformation zur Einsatzarmee und nun zurück zur Landesverteidigungsarmee einen Entwicklungsprozess durchgemacht, durch den die Innere Führung von Athen nach Sparta verlagert wurde. Treibendes Moment dieser Entwicklung ist das Novum, dass seit geraumer Zeit von Teilen der politischen Eliten sicherheitspolitisch auf einen Wandel Deutschlands als bisheriger Friedensmacht hin zum Machtstaat auf militärischer Basis gesetzt wird, was jüngst auch noch mit einem technologischen Spitzenplatz der Bundeswehr und einem Führungsanspruch in Europa untermauert wird. Diese Priorisierung hat die Aufrüstung und die Betonung von Kriegsführungsfähigkeiten der Bundeswehr zur Folge, der die „Armee für den Frieden" und der „Soldat für den Frieden" zum Opfer fallen werden. Abzuwarten ist, wie sich diese Zäsuren in der noch nicht abgeschlossenen neuen Nationalen Sicherheitsstrategie und in entsprechenden Grundlagendokumenten der Bundeswehr niederschlagen werden.

Indem bei laufenden Fortschreibungen der Inneren Führung der konstitutionelle Demokratie- und Gesellschaftsbezug für das Selbstverständnis, die Führungskultur und das soldatische Leitkonzept des „Staatsbürgers in Uniform" der Bundeswehr herausbuchstabiert werden, reduziert sich dieses geistige Überbaukonzept auf eine kampfbezogene Führungskultur und auf die Formel vom „guten Führen". Schließlich wird der Staatsbürger in Uniform in die Requisitenkammer der Inneren Führung abgestellt und das Leitbild auf den des kampffähigen und kampfwilligen, kurzum einfach den gehorsamen Soldaten, den Kämpfer zurechtgeschnitten. Demokratische Leitwerte werden im äußersten peripheren Grenzbereich des soldatischen Berufsbildes untergebracht, ohne ihren verbindenden Stellenwert gegenüber den favorisierten Kämpfertugenden zu klären.

All dieses sind Entschlackungs- und Aushöhlungsprozesse, die die zivilen und demokratischen Anteile der Inneren Führung negieren und sie auf die Erfordernisse des Kampfes hin instrumentalisieren. Um so viel Freimut geht es heutzutage äußerst selten, die Innere Führung frontal als „inhaltsleer" anzugehen und die Kontroversen um sie als „einen wahren Wortbrei von Erklärungen und Meinungen" abzutun (Knoll 2017:30).

Was sich aber erkennen lässt, ist, dass die innere Militarisierung der Inneren Führung und die äußere Militarisierung der Sicherheitspolitik Hand in Hand gehen. Für letztere steht indes noch der Realitätstest aus, ob eine machtstaatliche Sicherheitspolitik mit Stärkung des Militärischen in der postheroischen Bevölkerung auf dauerhafter Akzeptanz stoßen wird.

Innerhalb der Bundeswehr wird aber die spartanische Wende der Inneren Führung das Denken vom Kriege und von der Einsatzfähigkeit der Armee zum Maß aller Dinge machen, während die Athener und ihr Verständnis von Innerer Führung als gesellschaftlichem staatsbürgerlich-demokratischen Integrationskonzept im Sinne Baudissins marginalisiert sein werden. Wie einer der besten Kenner der Inneren Führung, Uwe Hartmann, feststellt, wird die Innere Führung als „umfassende Konzeption, die das Verhältnis von Politik, Gesellschaft und Militär in den Blick nimmt, […] nicht mehr ‚diffamiert' […]: Sie wird aber schlichtweg ignoriert" (Briefwechsel Hartmann-Neitzel (2022: 33).

Sparta ergreift in dem Maße Besitz von der Bundeswehr, wie die Innere Führung in dieser Hinsicht einseitig militarisiert und noch dazu entzivilisiert wird. Wie weit der Prozess bereits gediehen ist, erkennt man daran, dass das kulturelle Leitkonzept neuerdings eindimensional für die Einsatzfähigkeit der Bundeswehr dienstbar gemacht wird. Das Banner, mit dem es in der Bundeswehr um eine Koordinatenverschiebung der geistigen und mentalen Verfassung der Armee in Richtung Sparta geht, ist mit dem Schlüsselbegriff „Einsatzbereitschaft" beschriftet. Hierzu dient die Innere Führung.

Mit der spartanischen Wende der Inneren Führung hin zum einsatzfähigen und einsatzwilligen Soldaten kehren des Weiteren ebenfalls wehrmachtsgeprägte Schlüsselbegriffe soldatischer Kampfertüchtigung aus der Requisitenkammer der 1960er-Jahre der Bundeswehr zurück und feiern fröhliche Urständ. Das bezieht auch den Begriff der Erziehung ein, der zur militärtraditionalistischen Trias von Führen, Ausbilden und Erziehen gehört. In der militärpädagogischen Erziehung von Soldatinnen und Soldaten wird sogar ein „zentraler Pfeiler der Führungsphilosophie der Inneren Führung" gesehen (Elsen/Smolinski 2022:11).

Die Integration der Bundeswehr in die freiheitliche Staats- und Gesellschaftsordnung oder der vom Zivilen her gedachte Staatsbürger in Uniform fallen weg oder bilden im Rahmen der Militarisierung des Konzepts nur noch sinnentleerte verbale Referenzgrößen.

Erstmals in der Geschichte der Bundeswehr wird die Austreibung des Zivilen nicht nur von hart gesottenen Spartanern aus dem Heeresbereich betrieben. Dies passt zum mit der Zeitenwende forcierten Machtstaatskonzept für die Bundesrepublik, bei dem Militär als *coercive power* eine sicherheitspolitische Schlüsselstellung eingeräumt wird. Diese Form der Instrumentalisierung der Bundeswehr für Zwecke militärisch abgestützter internationaler Machtstaatlichkeit ist mit der vergangenen Bundeswehr als „Armee im Volk" und „Armee in der Demokratie" nicht mehr übereinstimmend. Zivilgesellschaftliche Desintegration und Entfremdung werden der Militarisierung der Inneren Führung folgen.

Die stärkste Erosions- und Auflösungstendenz der Inneren Führung in der Bundeswehr geht von der schon in den frühen Jahren ihrer Existenz vorgebrachten These aus, man praktiziere sie doch längst, und zwar durch gute militärische Führung. Der Militärhistoriker Neitzel macht sich diese These, ohne sie weiter zu begründen, erneut zu eigen. Gleichzeitig betont er, dass das normative Leitkonzept in der Bundeswehr keinen praktischen Stellenwert einnehme. Für ihn, so seine dialektische Argumentation, würde gleichwohl im Alltag der Armee die Innere Führung gelebt werden. Erfreulich ist für ihn, „dass die allermeisten Bundeswehrsoldaten nach den Grundprinzipien der Inneren Führung handelten, wenngleich ihnen das so gar nicht bewusst gewesen sein durfte" (Neitzel 2021: 6).

Diese Behauptung, die Innere Führung würde, weil zu abstrakt, in der Truppe nicht akzeptiert, aber faktisch praktiziert, ist empirisch nicht nur abwegig, sondern auch in der Wirkung fatal. Übernommen wird nämlich das aus formativen Jahren der Bundeswehr stammende Argument, dass Innere Führung mit guter Menschenführung gleichzusetzen sei. Und die gehöre nun mal zum Truppenalltag und ergebe sich aus der alten deutschen Militärtradition. In dem Sinne stieß sie nach Neitzel (2020: 280) schon früher auf Akzeptanz, wie sie auf gute Menschenführung hinausgelegt wurde. Mit dem Persilschein, Innere Führung mache man schon immer, wird den Unteroffizieren und Stabsoffizieren der Bundewehr Absolution dahingehend erteilt, sich an die Vorgaben der Inneren Führung nicht halten zu müssen.

Dieser Strang der Aushöhlung der inneren Führung durch ihre Reduktion auf gute Menschenführung ist mittlerweile dermaßen weit in die Führungsebenen der Bundeswehr vorgedrungen, dass die Überarbeitung der Inneren Führung mit der Verbesserung der Führungspraxis in den Streitkräften in eins gesetzt wird. Dies zeigt das Programm Innere Führung heute nachdrücklich.

Hiermit eng verwachsen ist das neue Mantra, den Staatsbürger in Uniform ausschließlich von seinem Kampfauftrag herzuleiten und ihn mit dem Sosein als Kämpfer gleichzusetzen. Hieraus erwächst insgesamt das Bild einer kampfkräftigen Armee, die sich aus Kämpfern mit hoher Kampfmoral zusammensetzt. Für die Innere Führung bleibt eigentlich kein Platz, um auf dieses sich für jede Streitmacht stellendes Problem eine Antwort zu finden. Für Festansprachen und rituelle Beschwörungen ist die Innere Führung als „Markenzeichen" der Bundeswehr immer noch gut. Sie ist aber im nachgeordneten operativen Bereich längst ausgehöhlt und zur weiteren Deformation den Anhängern der Denkschule Sparta zur freien Verfügung ausgeliefert.

Literatur

Bach, Alois u. a. (2011): Koblenzer Erklärung des Kuratoriums des Bildungswerks des Deutschen Bundeswehrverbandes – Karl-Theodor Molinari-Stiftung e. V., Koblenz.

Bald, Detlef (2005): Die Bundeswehr. Eine kritische Geschichte 1955-2005. München: C.H.Beck.

Baudissin, Wolf Graf von (1970): Soldat für den Frieden. Entwürfe für eine zeitgemäße Bundeswehr. München: Piper.

Biehl, Heiko (2006): Kampfmoral und Einsatzmotivation. In: Gareis, Sven Gerhard/ Klein, Paul (Hrsg.): Handbuch Militär und Sozialwissenschaft, 2. Aufl. Wiesbaden: VS-Verlag, S. 294-302.

Biehl, Heiko (2012): Kampfmoral und Einsatzmotivation. In: Leonhard, Nina/Werkner, Ines-Jacqueline (Hrsg.): Militärsoziologie. Eine Einführung. 2. Aufl. Wiesbaden: VS-Verlag, S, 447-474.

Biehl, Heiko (2016): Bundeswehr im Urteil der Bürger - Das Integrationsgebot der Inneren Führung auf dem Prüfstand. In: Bach, Alois/Sauer, Walter (Hrsg.): Schützen, Retten, Kämpfen. Dienen für Deutschland. Berlin: Miles, S. 237-248.

Birkhoff, Jan-Philipp (2014): Führen trotz Auftrag. Zur Rolle des militärischen Führers in der postheroischen Gesellschaft. In: Bohnert, Marcel/Reitstätter, Lukas J. (Hrsg.): Armee im Aufbruch. Zur Gedankenwelt junger Offiziere in den Kampftruppen der Bundeswehr. Berlin: Miles, S. 105-128.

BMVg – Heer (2021): "Meine Innere Führung". Abschlussbericht 2021 zur Umsetzung der Heeresinitiative, Berlin.

BMVg (1957): Handbuch Innere Führung. Hilfen zur Klärung der Begriffe. Schriftenreihe Innere Führung, Bonn.

BMVg (2003): Verteidigungspolitische Richtlinien für den Geschäftsbereich des Bundesministers der Verteidigung, Berlin.

BMVg (2004): Konzeption der Bundeswehr (KdB), Berlin.

BMVg (2006): Weißbuch zur Sicherheitspolitik Deutschlands und zur Zukunft der Bundeswehr, Berlin.

BMVg (2008): Zentrale Dienstvorschrift 10/1. Innere Führung. Führungskultur und Selbstverständnis der Bundeswehr, Berlin.

BMVg (2016): Weißbuch zur Sicherheitspolitik Deutschlands und zur Zukunft der Bundeswehr, Berlin.

BMVg (2020): Innere Führung – heute. Abschlussbericht, Berlin.

BMVg (2022): Grundsatzrede der Bundesverteidigungsministerin Lambrecht zur Sicherheitsstrategie: Streitkräfte wieder in den Fokus rücken, Berlin.

Böcker, Martin/Kempf, Larsen/Springer, Felix (2013): Soldatentum. Auf der Suche nach Identität und Berufung der Bundeswehr. München: Olzog.

Bohnert, Marcel (2018): Zwischen Bewährung und Versagen: Innere Führung heute. In: Bauer, Christian/Bohnert, Marcel/Pahl, Jan (Hrsg.): Vitalis Innere Führung!

Zum Status Quo der Führungskultur in den deutschen Streitkräften. Berlin: Miles, S. 90-127.

Bohnert, Marcel/Reitstätter, Lukas J. (Hrsg.) (2016): Armee im Aufbruch. Zur Gedankenwelt junger Offiziere in den Kampftruppen der Bundeswehr. Berlin: Miles.

Briefwechsel Hartmann-Neitzel (2022): Krieger-Ethos. Gefahr für die Innere Führung. In: IF - Zeitschrift für Innere Führung, Heft 1, S. 28-35.

Buchner, Peter (2022): Von den Legitimationen zum Mindset? In: Hartmann, Uwe/Janke, Reinhold/Rosen, Claus von (Hrsg.): Jahrbuch Innere Führung 2021/22. Berlin: Miles, S. 308-322.

Budde, Hans-Otto (2008): Das militärische Selbstverständnis des Deutschen Heeres. Ein wichtiger Faktor für den Erfolg im Einsatz. In: Gneisenau Blätter, Band 8, S. 29-34.

Bundesregierung (2022): Rede von Bundeskanzler Scholz bei der Bundeswehrtagung am 16. September 2022 in Berlin, Berlin.

Coker, Christopher (2007): The Warrior Ethos, London: Routledge.

Däniker, Gustav (1992): Wende Golfkrieg – Vom Wesen und Gebrauch künftiger Streitkräfte, Frauenfeld: Huber.

Dohnanyi, Klaus von (2022): Nationale Interessen. Orientierung für deutsche und europäische Politik in Zeiten globaler Umbrüche, 3. Aufl. München: Siedler.

Dörfler-Dierken, Angelika/Kramer, Robert (2014): Innere Führung in Zahlen. Streitkräftebefragung 2013. Berlin: Miles.

Dörfler-Dierken, Angelika (2021): Glaube, Ethik, Innere Führung – Zur empirischen Erforschung weltanschaulicher Prägungen und normativer Grundlagen in den Streitkräften. In: Elbe, Martin/Biehl, Heiko/Steinbrecher, Markus (Hrsg.): Empirische Sozialforschung in den Streitkräften. Positionen, Erfahrungen, Kontroversen. Berlin: Berliner Wirtschaftsverlag, S. 395-435.

Elsen, Jürgen/Smolinski, Maria (2022): Fit für das 21. Jahrhundert? Rollentrias Führen, Ausbilden und Erziehen in der Bundeswehr. In: IF – Zeitschrift für Innere Führung, Heft 1, S. 11-15.

Frick, Gotthard (2021): Russland wird als Feind aufgebaut. In: ASMZ, Nr. 187, Heft 8, S. 20-21.

Graf, Timo (2020): Zur Integrationsdimension der Inneren Führung: Eine empirische Betrachtung der öffentlichen Meinung zur gesellschaftlichen Einbindung der Bundeswehr von 2005 bis 2020. In: Hartmann, Uwe/Janke, Reinhold/Rosen, Claus von (Hrsg.): Jahrbuch Innere Führung 2020. Zur Weiterentwicklung der Inneren Führung: Themen und Inhalte. Berlin: Miles, S. 105-122.

Hartmann, Uwe (2018): Der gute Soldat. Politische Kultur und soldatisches Selbstverständnis heute. Berlin: Miles.

Herberg-Rothe, Andreas (2010): Demokratische Krieger. In: Lutz, Karl-Heinz/Rink, Martin/Salisch, Markus von (Hrsg.): Reform, Reorganisation, Transformation: Zum Wandel in deutschen Streitkräften von den preußischen Heeresreform bis zur Transformation der Bundewehr. München: Oldenbourg Wiss.-Verlag, S. 401-428.

Herberg-Rothe, Andreas/Thiele, Ralf (2010): Demokratische Krieger. Das Leitbild des Soldaten im 21. Jahrhundert. In: IF - Zeitschrift für Innere Führung, Heft 1, S. 26-30.

Holz, Nikolas (2021): Zurück in die Zukunft. Empfehlungen zur Wiederentdeckung und Weiterentwicklung der Inneren Führung. Berlin: Miles.

Janowitz, Morris (1960): The Professional Soldier. A Social and Political Portrait. Glencoe: Free Press.

Jenewein, Michael (2019): Menschwerdung im Krieg. Bundeswehr in den Fußstapfen von Ernst Jünger? In: Wissenschaft & Frieden (W&F), Heft 4, S. 30-33.

Kaplan, Robert (2001): Warrior Politics: Why Leadership Demands a Pagan Ethos. New York: Vintage.

Karst, Heinz (1969): Das Bild des Soldaten. Versuch eines Umrisses, 3. Aufl. Boppard: Boldt.

Kempf, Larsen (2013): Der Soldat als ein Feindbild im Innern? In: Böcker, Martin/ Kempf, Larsen/Springer, Felix (Hrsg.): Soldatentum. Auf der Suche nach Identität und Berufung der Bundeswehr heute. München: Olzog, S. 185-200.

Knoll, Stefan (2017): „Ein wahrer Wortbrei“. In: Loyal, Heft 9, S. 30-31

Kommando Heer (Hrsg.) (2021): Klare Haltung – Starke Überzeugungen. Handreichung für Disziplinarvorgesetzte im Heer zur Erhöhung der Wirksamkeit und Nachhaltigkeit in der Persönlichkeitsbildung, Strausberg.

Kuenzlen, Gottfried (2013): Kämpfer in postheroischer Zeit. In: Böcker, Martin/ Kempf, Larsen/Springer, Felix (Hrsg.): Soldatentum. Auf der Suche nach Identität und Berufung der Bundeswehr heute. München: Olzog, S. 109-125.

Kutz, Martin (2004): Gesellschaft, Militär, Krieg und Frieden im Denken von Wolf Graf von Baudissin. In: Kutz, Martin (Hrsg.): Gesellschaft, Militär, Krieg und Frieden im Denken von Wolf Graf von Baudissin. Baden-Baden: Nomos, S. 9-22.

Lange, Sven (2020): Fit für das 21. Jahrhundert: Worum die Konzeption der Inneren Führung eine neue „Meistererzählung“ benötigt. In: Hartmann, Uwe/Janke, Reinhold/Rosen, Claus von (Hrsg): Jahrbuch Innere Führung 2020. Zur Weiterentwicklung der Inneren Führung: Themen und Inhalte. Berlin: Miles, S. 31-46.

Lüders, Michael (2021): Hybris am Hindukusch. Wie der Westen in Afghanistan scheiterte. München: C.H.Beck.

Münch, Phillip (2022): Der Primat der Politik: Lehren aus dem Afghanistan-Einsatz der Bundeswehr. In: Die Bundeswehr, Heft 10, S. 24-26.

Mearsheimer, John J. (2014): Putin reagiert. Warum der Westen an der Ukraine-Krise schuld ist. In: IPG-Journal. Online: https://www.ipg-journal.de/kommentar/artikel/putin-reagiert-560 [Zugriff am 24.10.2022].

Nägler, Frank (2007): Zur “Kriegstüchtigkeit” des Staatsbürgers in Uniform in der Aufbauphase der Bundeswehr. In: Opitz, Eckardt (Hrsg.): 50 Jahre Bundeswehr – 50 Jahre Offizierausbildung. Bremen: Temmen, S. 44-60.

Naumann, Klaus (2020): „Politisch mündig und auftragsgerecht handeln.“ Sicherheits- und Militärpolitik gehören zur Entwicklung soldatischer Professionalität. In: Hartmann, Uwe/Janke, Reinhold/Rosen, Claus von (Hrsg): Jahrbuch Innere Führung 2020. Zur Weiterentwicklung der Inneren Führung: Themen und Inhalte. Berlin: Miles, S. 47-54.

Neitzel, Sönke (2020): Deutsche Krieger. Vom Kaiserreich zur Berliner Republik – Eine Militärgeschichte, 2. Aufl. Berlin: Propyläen-Verlag.

Neitzel, Sönke (2021): Tribal Cultures und Innere Führung – ein Widerspruch. In: Ethik und Militär, Heft 2, S. 4-11.

Rosen, Claus von (2020): Kriegsbild und Strategie und Innere Führung. In: Hartmann, Uwe/Janke, Reinhold/ Rosen, Claus von (Hrsg): Jahrbuch Innere Führung 2020.

Zur Weiterentwicklung der Inneren Führung: Themen und Inhalte. Berlin: Miles, S. 55-84.

Schilling, René (2002): „Kriegshelden“. Deutungsmuster heroischer Männlichkeit in Deutschland 1813-1945, Paderborn: Ferdinand Schöningh.

Schneiderhan, Wolfgang (2009): Bundeswehr im Einsatz – eine Herausforderung für die Innere Führung? In: Gneisenau Blätter, Bd. 6 (Einsatzarmee und Innere Führung), S. 23-27.

Steinbrecher, Markus (2022): Im Zweifel für die Sicherheit. Haltungen der Bevölkerung zur Verteidigung von Freiheit und Sicherheit. In: Aus Politik und Zeitgeschichte, Heft 32-33, S. 40-46.

Tomforde, Maren (2020): „Darf ich Kämpfer sein?“ Hybride soldatische Identitäten im Aushandelungsprozess. In: Kümmel, Gerhard (Hrsg.): Was es (heute) heißt, Soldat zu sein. Baden-Baden: Nomos, S. 83-104.

Walther, Marc-André (2020): Der Soldat in Demokratie und Krieg. Der Staatsbürger in Uniform und sein Kernauftrag. In: Hartmann, Uwe/Janke, Reinhold/Rosen, Claus von (Hrsg): Jahrbuch Innere Führung 2020. Zur Weiterentwicklung der Inneren Führung: Themen und Inhalte. Berlin: Miles, S. 140-152.

Wanner, Meike (2020): Das gesellschaftliche Ansehen der Streitkräfte – die schweigende Mehrheit steht hinter der Bundeswehr. In: Hartmann, Uwe/Janke, Reinhold/Rosen, Claus von (Hrsg): Jahrbuch Innere Führung 2020. Zur Weiterentwicklung der Inneren Führung: Themen und Inhalte. Berlin: Miles, S. 123-139.

Wiesendahl, Elmar (2007): Zur Aktualität der Inneren Führung von Baudissin für das 21. Jahrhundert. Ein analytischer Bezugsrahmen. In: Ders. (Hrsg.): Innere Führung für das 21. Jahrhundert. Die Bundeswehr und das Erbe Baudissins, Paderborn: Ferdinand Schöningh, S. 11-28

Wiesendahl, Elmar (2010): Athen oder Sparta – Bundeswehr quo vadis? WIFIS-Aktuell Nr. 43, Bremen: Temmen.

Wiesendahl, Elmar (2011): Zurück zum Krieger? Soldatische Berufsleitbilder der Bundeswehr zwischen Athen und Sparta. In: Bayer, Stefan/Gillner, Matthias (Hrsg.): Soldaten im Einsatz, Berlin: Duncker & Humblot, S. 237-256.

Wiesendahl, Elmar (2014): Kernkompetenzen von Soldaten der Einsatzarmee Bundeswehr. In: Bohrmann, Thomas/Lather, Karl-Heinz/Lohmann, Friedrich (Hrsg.): Handbuch militärische Berufsethik. Bd. 2: Anwendungsfelder, Wiesbaden: Springer VS, S. 65-91.

Wiesendahl, Elmar (2016): Bundeswehr ohne Halt. Zu Fehlentwicklungen der Inneren Führung. In: Ethik und Militär, Ausgabe 2016/1, S. 43-47.

Wiesendahl, Elmar (Hrsg.) (2005): Neue Bundeswehr – neue Innere Führung? Perspektiven und Rahmenbedingungen für die Weiterentwicklung eines Leitbilds. Baden-Baden: Nomos.

Winkel, Wolfgang (2004): Bundeswehr braucht archaische Kämpfer. In. Welt am Sonntag. 29. Februar. Online: https://www.welt.de/print-wams/article107173/Bundeswehr-braucht-archaische-Kaempfer.html [Zugriff am 24.10.2022].

Dokumentation

Athen oder Sparta – Bundeswehr quo vadis?

Elmar Wiesendahl (2010)

Erschienen als WIFIS-Aktuell, Band 43

Inhaltsverzeichnis

1 Einleitung: Die ungeklärte Identitätsfrage der Einsatzarmee Bundeswehr 61

2 Innere Führung – oder welch Geistes Kind ist die Bundeswehr? 63

3 Innere Führung als geistiger Überbau der alten Bundeswehr 67

4 Einsatzarmee Bundeswehr im Kontext des sicherheitspolitischen Paradigmenwechsels 73

5 Die neue Einsatzwirklichkeit der Bundeswehr 79

6 Der neue Soldat im Einsatz 87

7 Missglückte Anpassung der Inneren Führung an die Einsatzwirklichkeit 93

8 Geistige Denkschulen in der Bundeswehr 99

8.1 Die Denkschule Athen 104

8.2 Die Denkschule Sparta 109

9 Schluss 119

Literatur 121

1 Einleitung: Die ungeklärte Identitätsfrage der Einsatzarmee Bundeswehr

Die Bundeswehr steht an der Schwelle zu einer neuen Identität. Mit ihrem Wandel zur global operierenden Kriseninterventionsarmee wurde sie in den letzten Jahren einer Metamorphose ausgesetzt, die ihr eine von Grund auf neue Aufgabenstellung und Struktur beschwert hat. Dieser Transformationsprozess hat tiefgreifende Konsequenzen für ihr Selbstverständnis, für das Bild von ihrer neuen Einsatzwirklichkeit, ihre politische und gesellschaftliche Standortbestimmung und für das Berufsbild, das den Soldaten im Einsatz auszeichnet. Im Grunde genommen geht es um etwas neues, nämlich um einen „Wesenswandel der Bundeswehr" (Biehl 2008: 19). Schwerlich kann die Bundeswehr mit ihrer überholten Identität als Verteidigungsarmee den neuen Herausforderungen als Einsatzarmee gerecht werden. Deshalb sind Gewissheiten und Denkweisen der vergangenen Epoche abzulegen und durch einen Prozess des organisatorischen Kulturwandels auf eine neue Identitätsgrundlage zu stellen. Noch befindet sich die Armee gegenwärtig in einem schwierigen Such- und Selbstfindungsprozess, der seine Zeit braucht, um sich am Ende orientierungs- und verhaltensstabilisierend im Bewusstsein der Bundeswehr niederzuschlagen.

Wohin die geistige Erneuerung, der Identitätswechsel, die Bundeswehr führen wird, ist noch nicht genauer absehbar. Zwar geben die Verteidigungspolitischen Richtlinien von 2003 (BMVg 2003) und das Weißbuch von 2006 (BMVg 2006) die erwünschte Richtung vor, und 2008 ist mit der weiterentwickelten ZDV 10/1 „Innere Führung" (BMVg 2008) ein weiteres Grundlagendokument zur Kursbestimmung der Bundeswehr vorgelegt worden. Doch wird hier in Abrede gestellt, dass sich die Bundeswehr allein auf der Grundlage dieser Dokumente und eines offiziellen Leitkulturwandels in ihrem neuen geistigen Selbstverständnis abschließend und einträchtig zurechtgefunden hätte. Im Gegenteil wird die Identitätsfrage als Einsatzarmee als unabgeschlossen gesehen, es wird sogar um sie ein verdeckter Richtungsstreit ausgetragen. Dieser Richtungsstreit beginnt mit einer kontroversen Sicht des Einsatzspektrums und der Einsatzrealität der Bundeswehr und endet beim Selbstverständnis des Einsatzsoldaten.

Die Richtungskontroverse berührt unmittelbar die Innere Führung als geistiges und moralisches Fundament der Armee. Deshalb wird zunächst der Kerngedanke der Inneren Führung sowie ihre Funktion für die geistige Verortung der Bundeswehr vorgestellt, um dann rückblickend das mittlerweile überholte Ineinandergreifen von alter Bundeswehr und geistiger Ausrichtung nach dem Leitkonzept der Inneren Führung herauszuarbeiten. Im Anschluss daran werden die veränderten sicherheitspolitischen Rahmenbedingungen skizziert, die für die Bundeswehr als Kriseninterventionsarmee eine neue identitätsbestimmende Einsatzwirklichkeit herbeiführen. Untersucht wird dann, inwieweit die 2008 neu erlassene ZDV 10/1 „Innere Führung" diesem Paradigmenwechsel einen angemessenen geistigen Orientierungsrahmen liefert.

Wie sich belegen lässt, gelingt ihr dies nicht, so dass sie den Richtungsstreit um die zukünftige geistige und mentale Ausrichtung der Armee ungewollt Vorschub leistet. Wie sich die Kontroverse gestaltet, wird an zwei Denkschulen, „Athen" und „Sparta", aufgezeigt, die in ihrem Denkgebäude vorgestellt und miteinander verglichen werden. Der Beitrag endet mit Blick auf die Folgen, die sich für die ungelöste Identitätsfrage der Bundeswehr ergeben könnten.

2 Innere Führung – oder welch Geistes Kind ist die Bundeswehr?

Die Bundeswehr betrachtet die Innere Führung als ihr Markenzeichen. Sie hat sich jedoch aus nicht erklärlichen Gründen nie dazu durchgerungen, eine griffige Definition oder knappe Gesamtschau der „Inneren Führung" vorzulegen um Klarheit über das Konzept herzustellen. (Wiesendahl 2005: 20ff, Hartmann 2007: 65 ff). Dieses Manko wirkt sich bis auf die im Januar 2008 neu erlassene ZDV 10/1 „Innere Führungskultur" aus, deren Untertitel „Führungsstruktur und Selbstverständnis" lautet. Den begrifflichen Sinngehalt so eng auf den Aspekt Führung zuzuschreiben, ist durchaus gewollt und wird nicht von ungefähr auch durch den damals zuständigen Stabsabteilungsleiter I im BMVg, Brigadegeneral Bergmann, hervorgehoben (Bergmann 2008: 2).

Nachvollziehbar ist die Gleichsetzung der Inneren Führung mit einer „Führungsphilosophie und Führungskultur der Bundeswehr" allerdings nicht, was schon daran ersichtlich wird, dass beides als Teilaspekt der Inneren Führung im Kapitel 6 der neuen Vorschrift abgehandelt wird. Innere Führung meint substantiell etwas viel Weitreichenderes und Umfassenderes, als dass sie sich in Grundsätzen der Führung und Zusammenarbeit und im Selbstverständnis der Soldatinnen und Soldaten erschöpfend abhandeln ließe.

Worum es bei der Inneren Führung wirklich geht, muss aus der Vorgeschichte und Entstehungszeit der Bundeswehr hergeleitet werden. Innere Führung war für die Väter dieses Konzepts, allen voran Wolf Graf von Baudissin, ein umfassendes Konzept grundlegender demokratischer Militärreform, um die Bundeswehr im Bruch mit der Vergangenheit geistig neu auszurichten. Herauslesen lässt sich dieser ganzheitliche Ansatz schon aus der Himmeroder Denkschrift von 1950, mit der erste Leitgedanken für den geistigen Überbau der zukünftigen Armee formuliert wurden.

Mit dem Begriff „Inneres Gefüge", der 1953 in „Innere Führung" umgewandelt wurde, war all das ins Auge gefasst, was eben zum Inneren Gefüge der Armee zählt und nicht unter den Bereich der äußeren Führung fällt. Für Baudissin waren Inneres Gefüge und Innere Führung der statische und dynamische Ausdruck ein und desselben Phänomens. Vom Regelungsanspruch bezog sich letztere selbstverständlich auf das gesamte Binnenleben der Armee einschließlich ihrer Außenbeziehungen. Entsprechend bezeichnet der Entwurf „Grundsätzliche Weisung über die Aufgaben und Bedeutung der Inneren Führung in den Streitkräften" vom 15. November 1955 „Innere Führung als die „geistige, sittliche und rechtliche Gesamtverfassung" des Inneren Gefüges der Bundeswehr (zitiert nach von Bredow 2008: 128). Bereits 1953 definierte Baudissin Innere Führung als „die geistige und sittliche Verfassung der künftigen Streitkräfte" (Dörfler-Dierken 2005: 150). Und noch deutlicher umschreibt er dieses Reformkonzept als „das, was man unter dem „Geist der Truppe" oder unter ihrer „Kampfmoral" versteht, also ihre von der Vielzahl der moralischen Größen (Clausewitz) abhängige innere Haltung, Gesinnung, Disziplin, Wehrentschlossenheit, ihr Verhalten und ihre Grundeinstellungen zum Staat" (Dörfler-Dierken 2005: 193 ff).

Nicht zuletzt mit Verweis auf die moralischen Größen von Clausewitz (1980: 356) wird erkennbar, dass es um Geist, Moral, innere Antriebskraft und Gesinnung der Bundeswehr als Ganzes ging und geht. Denn dieses umfassende, ganzheitliche Verständnis von Innerer Führung hat bis heute Bestand, wie in der bereits zitierten neuen ZDV 10/1 nachzulesen ist. Dort heißt es in Kapitel 1 unter Nr. 107: „Innere Führung umfasst die geistige und sittliche Grundlage der Streitkräfte. Sie durchdringt das gesamte militärische Leben." In diesem umfassenden Sinne lässt sich Innere Führung mit einer leitbildartigen Organisationskultur (Sackmann 2002: 23 f, 34 f) für die Bundeswehr gleichzusetzen. Sie spannt einen kognitiven und ideellen Bezugsrahmen über die Armee, mit dem grundlegende Werte und Normen, Überzeugungen und Denkweisen festgeschrieben werden und durch den für das Wahrnehmen, Denken und Fühlen der Soldatinnen und Soldaten eine Richtschnur geliefert wird. Sie gibt dem Bedürfnis nach Orientierung und Standortbestimmung einen festen Halt.

Innere Führung liefert die Basis für die kollektive Identitätsbildung und das Selbstverständnis der Armee. Wofür alles Innere Führung als organisatorische Leitkultur der Bundeswehr Orientierungsmaßstäbe setzt, lässt sich auf drei Bereiche aufschlüsseln (vgl. Abb. 1).

Den Zentralbereich stellt die Unternehmensphilosophie der Armee dar, die kenntlich macht, für welche höchsten Werte und Prinzipien die Bundeswehr einsteht, wozu sie da ist, welche Leistungen sie wichtig und unentbehrlich macht und auf welcher Grundlage sie ihr Beziehungsverhältnis zur politischen und gesellschaftlichen Umwelt stellt. Der zweite Bereich der Führungskultur gibt die Wertmaßstäbe und die Normen vor für das Führungsverhalten und für die militärische Zusammenarbeit. Schließlich geht es im dritten Bereich um das Berufsleitbild des Soldaten, in dem sich das Rollenverhältnis und die Identifikation mit dem Beruf widerspiegeln soll (Wiesendahl 2005: 25).

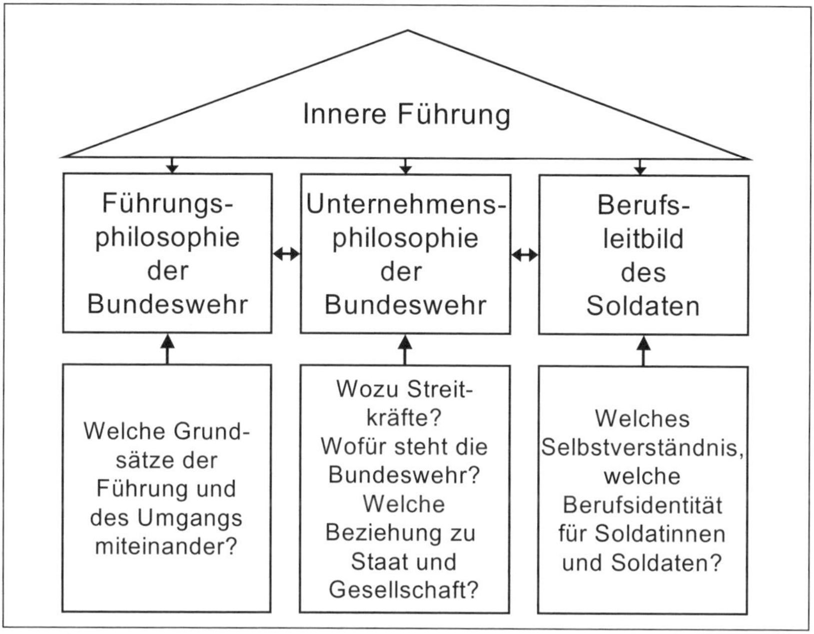

Abb. 1: Innere Führung als Leitkultur der Bundeswehr

So gesehen bildet die Innere Führung eine *mind map* der Bundeswehr. Sie erfüllt allerdings nur dann ihre geistige und sittliche Kompass- und Orientierungsfunktion, wenn Unternehmensphilosophie, Führungskultur und Leitbild ineinandergreifen und in einem stimmigen Ganzen aufgehen. Etwas Beliebiges stellt dieses Ganze nicht dar. Im Gegenteil drückt sie als Leitkultur den Willen der militärischen Führung und der politischen Leitung der Bundeswehr aus, dass auf vorgegebene Weise gedacht, gefühlt und gehandelt werden soll. Nicht von ungefähr ist deshalb Innere Führung als richtungsweisender Orientierungsrahmen in eine zentrale militärische Dienstvorschrift gefasst worden.

Um aber tatsächlich für das Denken, Fühlen und Handeln Geltung zu erlangen, muss das Konzept in sich schlüssig und überzeugend aufgebaut sein. Zugleich dürfen die Vorgaben und Maximen nicht zu abstrakt ausfallen. Einprägsam und leicht nachvollziehbar sollten sie auch sein. Nicht zuletzt sollten sie im Einklang mit der militärischen Berufs- und Erfahrungswelt stehen, um orientierungsleitend und verhaltensstabilisierend zu wirken. Schließlich wird von der Inneren Führung als geistigen Überbau erwartet, dass sie nach innen ideell und kognitiv vergemeinschaftend im Hinblick auf ein kollektives Selbstverständnis und Selbstwertgefühl wirkt. Hierdurch erzeugt Innere Führung korporative Identität und Zusammenhalt. Sie gibt dem Dienen Sinn und Motivation und liefert die Grundlage dafür, um sich mit Rolle und Aufgabe des Soldaten zu identifizieren.

Nach außen hin zeichnet die Bundeswehr mit dem Markenzeichen der Inneren Führung von sich ein Bild, wie sie gerne gesehen werden möchte. Mit diesem Profil wirbt sie vertrauensbildend um Akzeptanz und legitimiert die Existenz von Streitkräften. Sie bürgt damit für ihre Einbindung in Staat und Gesellschaft.

Es bis hierhin zu bringen, sind allerdings enorme Ansprüche zu erfüllen. Dies stellte insbesondere in der Wiederbewaffnungssituation und dem vollständigen Neuanfang 1955/56 eine große Herausforderung dar. Aufschluss soll darüber ein Rückblick auf die alte Bundeswehr bis 1990 geben. Um nicht weniger schwierig sind jedoch ebenfalls die Herausforderungen zu bewerten, die sich bei einem Kulturwandel einer bestehenden Organisation ergeben. Am lebenden Organismus der alten Bundeswehr nach 1990 wurde nämlich ein Transformationsprozess vollzogen, der für sie strukturell in der Neuaufstellung als internationale Einsatzarmee endete.

Ohne Kulturwandel, also Ausrichtung des geistigen und moralischen Überbaus der Armee auf die neuen Aufgaben und Einsatzwirklichkeit, lässt sich der Transformationsprozess sicherlich nicht erfolgreich abschließen. Im Gegenteil nimmt der organisationskulturelle Wandel sogar eine Schlüsselrolle ein, um „minds and hearts“ der Soldatinnen und Soldaten auf eine einsatzkonforme Identitätsbasis zu stellen. Alte Gewissheiten, Denkweisen und Einstellung sind abzulegen und durch veränderte Orientierungen und Grundhaltungen auszutauschen. Beharren auf überholte Vorstellungen und Mentalitäten einerseits oder Fehlentwicklungen des Kulturwandels in unerwünschte Richtungen andererseits können das Ineinandergreifen von Struktur- und Kulturwandel der Bundeswehr zur Einsatzarmee behindern.

Probleme des unabgestimmten Struktur- und Kulturwandels können aber auch dadurch entstehen, dass es dem von oben initiierten und implantierten Kulturwandel nicht glückt, erwünschte Veränderungen im Denken, Fühlen und Bewusstsein der Soldatinnen und Soldaten auszulösen. Mit Blick auf die neue ZDV 10/1 „Innere Führung“ soll dies genauer thematisiert werden. Und Irrungen und Wirrungen des Kulturwandels sind auch dann nicht auszuschließen, wenn sich in dem Ringen um die geistige und mentale Neuausrichtung des Selbstverständnisses der Armee Verständigungsdifferenzen und Richtungskämpfe auftun. Dies wäre Grund genug, um zu klären, wohin sich die Bundeswehr als Einsatzarmee in ihrem Inneren Gefüge entwickelt.

3 Innere Führung als geistiger Überbau der alten Bundeswehr

Die alte Bundeswehr verdankt Aufstellung und Daseinszweck den nach dem Zweiten Weltkrieg ausbrechenden bipolaren Ost-West-Konflikt. Nachdem die Siegermächte zunächst noch die vollständige Entmilitarisierung des niedergerungenen Nazi-Deutschlands beschlossen hatten, wurde das geteilte Nachkriegsdeutschland entlang des Eisernen Vorhangs zum Frontstaat. Die wachsenden Spannungen zwischen Ost und West lösten unter den westlichen Siegermächten einen Standpunktwechsel aus. Nun wiesen sie der neu gegründeten Bundesrepublik Deutschland die Aufgabe zu Streitkräfte aufzustellen, die als fest in das westliche Verteidigungsbündnis der NATO integrierter Truppenteil einen Beitrag zur territorialen Verteidigung Westdeutschlands und Westeuropas gegenüber einem drohenden Angriff der Warschauer-Pakt-Staaten unter Führung der Sowjetunion leisten sollten.

Mit der Wiederbewaffnung stand eine grundlegende Neubestimmung des Wesens und der Unternehmensphilosophie von bewaffneter Macht im Nachkriegsdeutschland an, die schlüssige Antworten auf vier grundlegende Kernfragen der Identitätsbildung für die neu aufzustellende Bundeswehr zu liefern hatten (Wiesendahl 2002a: 102 ff):

1. Was ist der Daseinszweck und Auftrag einer Armee unter den Bedingungen der Ost-West-Konfrontation und des Kernwaffenzeitalters?
2. Wie kann die Bundeswehr im Bruch mit der unsäglichen Militärtradition in die freiheitlich-demokratische Staats- und Gesellschaftsordnung der Bundesrepublik eingeordnet werden?
3. Wie lässt sich das Innere Gefüge der Armee im Hinblick auf Führung und Zusammenarbeit unter Wahrung der Menschenwürde und der individuellen Grundrechte ausgestalten?
4. Und welches Berufsfeld des neuen Soldaten ergibt sich aus dem Leitbild einer Armee in der Demokratie?

Die maßgeblich von Wolf Graf von Baudissin entwickelte Innere Führung lieferte hierauf ineinandergreifende stimmige Antworten (Kutz 2004). Von der Unternehmensphilosophie her setzte die Innere Führung bei der Bedrohungssituation an, zumal der Gefahr eines möglichen Angriffs der Warschauer Paktstaaten auf das Gebiet der Bundesrepublik zu begegnen war. Vor die-

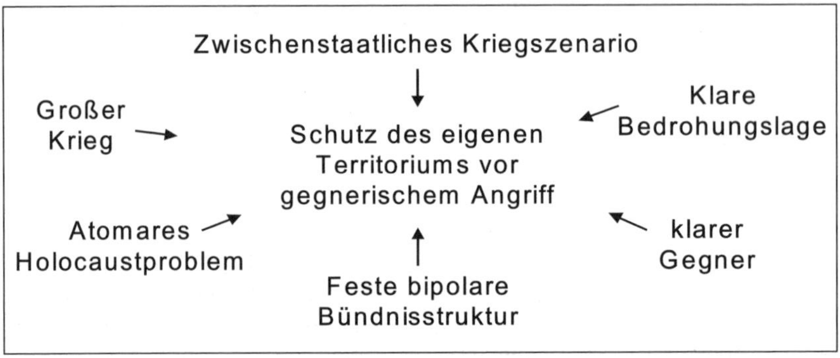

Abb. 2: Kriegsbild der alten Bundeswehr als territoriale Verteidigungsarmee

sem Hintergrund wurde die Bundeswehr vom Auftrag und Geist zu einer Landesverteidigungsarmee, um zusammen mit den NATO-Partnern einen Angriff durch Abschreckung zu verhindern. Landesverteidigung muss dabei im Kontext der militärischen und ideologischen Konfrontation des Kalten Krieges und der möglichen Folgen eines III. Weltkrieges gesehen werden. Glaubwürdige Abschreckung setzte dabei voraus, im Kriegsfall das eigene Territorium gegen den Angreifer zu verteidigen. Legitimatorisch resultierte hieraus eine Notwehrsituation, die die Bundeswehr zur Verteidigung berechtigte. Abschreckungs- und Verteidigungsauftrag griffen Hand in Hand. Der Primat der Kriegsverhütung erhielt aber umso mehr Gewicht, wie im Falle des Versagens der Abschreckung die Gefahr eines atomaren Schlagabtausches nicht von der Hand zu weisen war, der zur Vernichtung dessen führen müsste, was es zu verteidigen galt (vgl. Abb. 2).

Baudissin zog aus dem Kriegsbild des Nuklearwaffenzeitalters die logische Konsequenz, dass sich Streitkräfte nicht mehr über ihre klassische Kriegsführungsfunktion mit dem Ziel des Sieges, sondern nur noch über Kriegsverhütung und Friedenssicherung begründen ließen. Weiter noch würde Krieg angesichts der Gefahr des nuklearen Holocausts als Mittel der Politik undenkbar. Deshalb stellt die alte Bundeswehr in ihrer Unternehmensphilosophie eine „Armee für den Frieden" dar, für die der Verteidigungsfall als Versagensfolge der Kriegsverhütung in der Katastrophe enden müsse.

Allerdings bleibt es beim Kalten Krieg, der bipolaren Blockkonfrontation, die sich politisch und ideologisch um eine antagonistische Systemauseinandersetzung zwischen dem freien Westen und dem totalitären kommunistischen Osten dreht. Bundeswehr und die freiheitlich und demokratisch gesonnene Bevölkerung Westdeutschlands stehen insofern im engen Schulterschluss, in einer Selbstbehauptungs- und Notwehrsituation, um sich der

Unternehmensphilosophie
Abschreckungs- und Verteidigungsarmee
Armee für den Frieden: „Ernstfall Frieden“
Armee in der Demokratie:
- ziviler Primat
- Parlamentsheer
- Integration von Bw u. Gesellschaft

Führungsphilosophie
Schutz der Grundrechte und Menschenwürde,
partnerschaftliches Zusammenleben,
kooperativer Führungsstil

Soldatenleitbild
Soldat für den Frieden, Staatsbürger in Uniform,
geborener Vaterlandsverteidiger,
kein „sui generis“ - Anspruch

Abb. 3: Innere Führung der alten Bundeswehr

kommunistischen Bedrohung zu erwehren und um Freiheit und Recht des deutschen Volkes vor einem Angriff zu schützen. Seinen Ausdruck fand diese Schicksalsgemeinschaft auch in der Bundeswehr als 480.000-Massenarmee, die sich zur Hälfte aus Wehrpflichtigen rekrutierte. Als Verteidigungsarmee erfüllte die Friedensarmee ihren Zweck, während es für weitere machtstaatliche Ambitionen, für deren Verfolgung es der Bundeswehr bedurft hätte, wegen der Teilungssituation und bestehender alliierter Vorbehaltsrechte keinerlei Grundlage gab.

Daseinszweck und Aufgabenstellung ergaben sich so für die Bundeswehr unmittelbar aus der sicherheitspolitischen Bedrohungssituation der Nachkriegszeit, während mit dem Konzept der „Armee in der Demokratie“ der Bruch mit der militärpolitischen Vergangenheit vollzogen wurde (Wiesendahl 2002a: 104 f). Schon um die neue Armee mit der jungen Nachkriegsdemokratie zu versöhnen und vereinbar zu machen, stellt die Innere Führung unternehmensphilosophisch eine Art grundlegenden Gesellschaftsvertrag dar, mit dem die alte Bundeswehr politisch den Primat des Zivilen und gesellschaftlich dem Integrationsgebot unterworfen wurde. Voraussetzung hierfür bildete der radikale Bruch der neuen Streitkräfte mit der unsäglichen deutschen Militärvergangenheit, weshalb bewusst an die preußischen Militärreformen nach 1806 angeknüpft wurde. Ziel war, die Bundeswehr in ihrem Geist und Selbstverständnis ohne jede Hintertür in die Demokratie einzubinden und sie deren Grundsätzen zu unterwerfen (vgl. Abb. 3).

Mit der „Armee in der Demokratie“ wurde die Identität der Bundeswehr ausschließlich vom demokratischen Staat und der freiheitlich-pluralistischen Zivilgesellschaft hergeleitet, so dass sie als Bewaffnete Macht jeglichen Eigenwert als Staat im Staate und jede worauf auch immer gegründete sui generis-Sonderrolle verlor. Einerseits schlug sich diese politische Einordnung durch ihren Charakter als Parlamentsheer und durch den zivilen Oberbefehl über die Bundeswehr nieder. Sie war strikt an Recht und Gesetz gebunden. Andererseits verlangte die Innere Führung als Integrationskonzept (Wiesendahl 1985: 51 ff) von ihr eine offene Geisteshaltung und eine soziale Zusammensetzung, die sie zum integralen Teil und Spiegel der pluralistischen Gesellschaft machte. Aus der Sinnstiftungsperspektive bedeutete dies für die neuen Streitkräfte, von nirgendwo anders her als von der demokratischen Gesellschaft gedacht und legitimiert, kurz vergesellschaftet zu werden.

Mit der Leitkultur der Inneren Führung sollte sowohl rechtlich als auch vom geistigen Überbau die freiheitliche demokratische Werteordnung des Grundgesetzes und die offene pluralistische Lebensordnung der Bundesrepublik zum Maßstab für die „Armee in der Demokratie“ gemacht werden. Um dem auch im Binnenleben der Armee Nachdruck zu verleihen, stellte die Innere Führung auf eine menschenwürdige Führungskultur ab, in der „gleiche Werte für die Armee wie für die zivilen Bereiche des Staates“ gelten sollten (Baudissin 1970: 157). Baudissin begründet dies damit, dass die Freiheit und demokratischen Grundwerte, die es für den Soldaten zu verteidigen gilt, ihm im militärischen Zusammenleben und der Inneren Ordnung der Streitkräfte nicht vorenthalten werden könnten (Baudissin 1969: 145). Und dies beinhaltet für ihn nicht nur die Anwendung zeitgemäßer Menschenführung, sondern auch die Pflege eines Betriebsklimas, das den einzelnen Soldaten „Mitarbeit, Mitverantwortung und tätigen Gehorsam“ einräumt (Baudissin 1970: 118). Die zentrale Dienstvorschrift 10/1 „Hilfen für die Innere Führung“ von 1972 griff die Forderungen in Gestalt der kooperativen Führung auf (Ziffer 217) und verlangte vom Vorgesetzten, „Handeln aus Einsicht“ zu ermöglichen, indem er „seinen Soldaten den Sinn ihrer Tätigkeit“ zu erklären sowie „die Notwendigkeit der ihnen erteilten Aufträge zu erläutern“ vermag (Ziffer 308). Neben der ZDV 10/1 übernahm die Bundeswehr ein ganzes Regelwerk, was vom Institut des Wehrbeauftragten, die Wehrbeschwerdeordnung bis hin zu weitläufigen Beteiligungsrechten reichte, um einer menschenwürdigen Führungskultur rechtsverbindlich Geltung zu verschaffen.

Auf der Individualebene bündelten sich die Vorstellungen über eine demokratieverträgliche und gesellschaftlich integrationswillige Leitkultur im Leitbild vom Staatsbürger in Uniform. Mit diesem vorgegebenen beruflichen Identifikationskonzept hob Baudissin die von der deutschen Militärtradition betriebene Trennung zwischen Soldat und Zivilbürger auf. Der Staatsbürger in Uniform verkörpere dagegen beides in einem, „Soldat und Nichtsoldat [...] als zwei verschiedene Aggregatzustände desselben Staatsbürgers“ (Baudissin 1969: 201). Auf der einen Seite „[muss] der Soldat in dem politischen und geistigen Leben verwurzelt sein“ (Baudissin 1970: 206), wenn er hierfür eintreten und die Gemeinschaft verteidigen soll. Jeglichen Sonderstatus oder jeglicher Eigengesetzlichkeit des Soldaten wurde dadurch eine Absage erteilt (Baudissin 1982: 160). Auf der anderen Seite ist der Staatsbürger deshalb der geborene Vaterlandsverteidiger, weil er als Staatsbürger in Uniform aufgrund seiner freiheitlichen Gesinnung und als überzeugter Demokrat vom Gedanken der Verteidigungswürdigkeit der politischen Ordnung beseelt ist (Rosen 2006: 176). Deshalb stellt sich auch der Staatsbürger in Uniform den „schweren Anforderungen und Belastungen“ des Waffendienstes aus „Einsicht“ und als „einem Teil seiner politischen Verantwortung“ (ebd.).

Hier schwingt offenbar einiger staatsbürgerlicher Idealismus mit, von dem man sich, wie Klaus Naumann (2007: 120) rückblickend formuliert, „den notwendigen Enthusiasmus und auch die Leidensbereitschaft [versprach], seine Staats- und Lebensordnung zu verteidigen“. Rückenwind erfährt der Staatsbürger in Uniform als Bannerträger der Demokratie durch die weltanschauliche Konfrontation des Kalten Krieges. Das macht aus ihn den „in der westdeutschen Gesellschaft *beheimateten*, den *politischen* Soldaten (Nägler 2005: 82, Hervorhebung durch den Verfasser).

Kognitiv und mental war der Bundeswehrsoldat dem Leitbild nach, zum Zweck der Verteidigung willens und fähig um zu kämpfen. Dafür wurde er als Kämpfer gedrillt, um im Falle eines Angriffs die territoriale Unversehrtheit und Freiheit des eigenen Landes zu verteidigen. Klar war dabei jedoch, dass es nicht zum Krieg kommen durfte, weil angesichts des dann drohenden atomaren Holocausts die Existenz des gesamten Landes auf dem Spiel stand. Insofern entsprach der Staatsbürger in Uniform von seiner Mentalität nicht dem Kämpfer- oder Kriegermodell, sondern er verkörperte den „Soldaten für den Frieden“.

Die Innere Führung als organisatorische Leitkultur und als Unternehmensleitbild für die alte Bundeswehr entwickelte einen ausgesprochen zivilen, liberaldemokratischen geistigen Überbau, ohne die sich die Wiederbewaffnung politisch und gesellschaftlich nicht hätte durchsetzen lassen. Dem Militärischen der vorangegangenen Epoche geradezu wesensfremd, vollzog sie mit der „Armee für den Frieden“ und der „Armee in der Demokratie“ eine radikale Kurskorrektur, die die Begründung und Identität von Streitkräften auf eine demokratie- und gesellschaftskompatible Grundlage stellte. Die Aufhebung des alten Gegensatzes von Soldat und Zivilist gipfelte im Leitbild vom Staatsbürger in Uniform. Trotz heftiger innerer militärischer Widerstände gab die Leitkultur der Inneren Führung für die Bundeswehr bis zur deutschen Einheit den normativen Legitimations- und Sinngebungsrahmen vor, der sie nach außen zu einem Markenzeichen geglückter demokratischer Unterordnung und gesellschaftlicher Integration machte. Nach 1990 fielen insbesondere sicherheitspolitische Voraussetzungen weg, die die Weiterentwicklung des Leitkonzepts notwendig machten.

4 Einsatzarmee Bundeswehr im Kontext des sicherheitspolitischen Paradigmenwechsels

Das Ende der Ost-West-Blockkonfrontation und die Wiedererlangung der deutschen Einheit beseitigten das Bedrohungsszenario, auf dem Daseinszweck und Auftrag der alten Bundeswehr als territoriale Verteidigungsarmee fußten. Kalter Krieg und ideologische Systemantagonismus verschwanden. Seitdem hat sich das zuvor stark militärisch geprägte Sicherheitsverständnis der Bundesrepublik Deutschland grundlegend gewandelt. Denn Sicherheitspolitik erschöpft sich nicht mehr in einer eindimensionalen Antwort auf die elementare Frage nach der „physischen Unversehrtheit der Integrität [eines Staates], die sich an der Außengrenze entscheidet (Bockenförde 2009: 17). Dies schon deshalb nicht, weil sich die unmittelbar greifbare Bedrohungssituation eines militärischen Angriffs auf das Territorium der Bundesrepublik verflüchtigt hat. Die Gefahr eines drohenden zwischenstaatlichen Krieges, die eine Heimatschutztruppe Bundeswehr rechtfertigen würde, ist einer neuartigen global verstreuten Gefahren- und Risikokonstellation gewichen. Diese Gefahren sind nicht mehr rein militärischer Natur, sondern reichen von globalem Klimawandel, Ressourcenverknappung, Hungerkatastrophen, Epidemien und Armutsmigration bis hin zu ethnischen und religiösen Konflikten, Bürgerkriegen, failing states und länderübergreifendem Terrorismus.

Heute gelten insbesondere zerrüttete und zerfallende Staaten, die zumeist noch durch Machtmissbrauch und Korruption gekennzeichnet sind, als Quelle erhöhter Stabilitäts- und Sicherheitsrisiken. In diesen Krisenstaaten herrschen sozio-ethnische Spannungen und Unterdrückung, extreme Ungleichverteilung des gesellschaftlichen Reichtums, wirtschaftlicher Niedergang und Verelendung breiterer Bevölkerungsgruppen vor, die sich in bürgerkriegsähnlichen Gewaltkonflikten mit Vertreibungen, Massenvergewaltigungen bis hin zu Genoziden entladen können. Reguläre Streitkräfte und staatliche Sicherheitsapparate können die öffentliche Ordnung und Sicherheit nicht mehr aufrechterhalten. Die gewalttätigen Auseinandersetzungen werden zwischen Aufständischen, Guerillagruppen, Partisanen, Terroristen, Warlords, Kriegsunternehmern und Waffenschiebern ausgetragen, während sich korrupte Staatsdiener und Mafiagruppen sich an den Verhältnissen bereichern (vgl. Abb. 4).

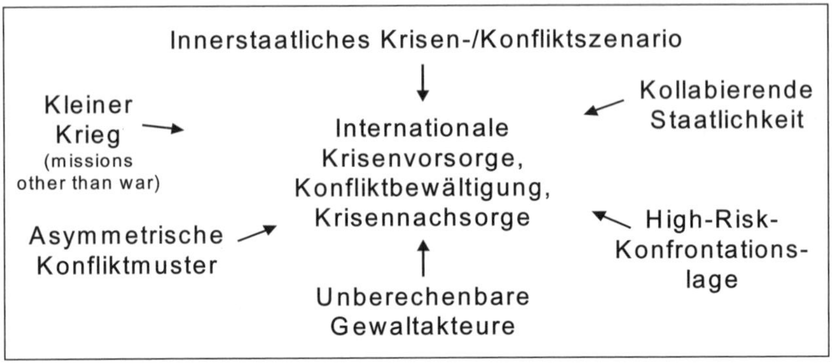

Abb. 4: Neues Krisenszenario der Bundeswehr

Von diesen globalen Fehlentwicklungen und Krisenherden gehen als Gefahrenquellen unmittelbar und mittelbar Wirkungen aus, die sich für rohstoffarme, verwundbare und auf freie Handelswege angewiesene, hochentwickelte Industriestaaten wie die Bundesrepublik und deren Gesellschafts- und Wirtschaftsordnung zu einem Sicherheitsrisiko auswachsen können. So bisher nicht gekannte Risiken können auch für die Stabilität der internationalen Staatenwelt den Charakter von sicherheitsrelevanten Krisenauswüchsen annehmen.

Der Wechsel vom Bedrohungs- zum Risikoparadigma hat die Suche nach Gegenmitteln ausgelöst, die möglichst frühzeitig und wirksam den Risiken und Gefahrenpotentialen etwas entgegenzusetzen zu haben. Für die deutsche Sicherheits- und Verteidigungspolitik führte die Neubewertung der Gefahrenlage zu einem Neuansatz, bei dem der Sicherheitsbegriff von unmittelbaren Bedrohungen losgelöst und gleichzeitig erweitert wurde. Sie verfolgt nun das Prinzip multinationaler globaler Sicherheitsvorsorge. Es geht darum, Krisen und Konflikten schon am Ort ihres Entstehens und zu einem möglichst frühen Zeitpunkt zu begegnen, bevor hieraus Bedrohungen für die Sicherheit und Stabilität der internationalen Staatengemeinschaft erwachsen können.

Vor diesem Hintergrund wurde seit Mitte der 1990er-Jahre das sicherheitspolitische Grundverständnis der Bundesrepublik umformuliert. Schon in den verteidigungspolitischen Richtlinien von 1992, Ziffer 48, hieß es zum Kurswechsel: „Krisenmanagement wird als künftige Schwerpunktaufgabe an die Stelle der bisherigen Ausrichtung auf die Abwehr einer großangelegten Aggression treten.“ Landesverteidigung ist mit anderen Worten irrelevant geworden. Ein Krieg nach dem klassischen zwischenstaatlichen Kriegsmodell bleibt zwar denkbar, aber nicht bestimmend für Auftrag und Struktur von Streitkräften. Ihnen fällt jetzt unter den gewandelten sicherheitspolitischen

Rahmenbedingungen als Aufgabe die inter-nationale Krisenvorsorge und im Falle von ausbrechenden Konflikten die Krisenbewältigung zu.

Da aber das zu begegnende Gefahrenspektrum weit über das einer militärischen Bedrohung hinausreicht, kann auf sich abzeichnende Krisen und Konflikte nur durch ein breites Bündel aufeinander abgestimmter diplomatischer, sicherheitspolitischer, entwicklungspolitischer, wirtschafts- und finanzpolitischer Maßnahmen geantwortet werden, um Stabilität und Sicherheit zu gewährleisten. Ziel dieser neuen Sicherheitsstrategie ist es, Krisen und Konflikten vorzubeugen, im Ausbruchsfall zu bändigen und „post conflict" zur Wiederherstellung der staatlichen Ordnung und eines nachhaltigen Friedens zwischen den ehemaligen Konfliktparteien beizutragen.

Die Neuausrichtung der Sicherheitspolitik und die damit verbundene Transformation der Bundeswehr zur Einsatzarmee sind in zwei Schlüsseldokumenten, den Verteidigungspolitischen Richtlinien (VPR) von 2003 (BMVg 2003) und der Konzeption der Bundeswehr (KdB) von 2004 (BMVg 2004) niedergelegt. Das „Weißbuch zur Sicherheitspolitik und zur Zukunft der Bundeswehr" der Bundesregierung von 2006 (BMVg 2006) gibt den Paradigmenwechsel einen weiteren regierungsoffiziellen Anstrich. Weit vor der Erstellung dieser Dokumente begann der Weg der Bundeswehr hin zur Einsatzarmee, was sich in einer seit 1992 beginnenden Beteiligung an einer Vielzahl teils von der NATO, teils von der UNO mandatierten internationalen Einsätze ausdrückt (Gießmann/Wagner 2009: 19ff). Darin eingeschlossen ist der erste aktive Kriegseinsatz durch die Beteiligung deutscher Streitkräfte 1999 an Luftangriffen der NATO im Kosovokrieg.

Damit deckt die Bundeswehr als Einsatzarmee ein neues erweitertes Aufgabenspektrum ab, das Operationen zum peace keeping und peace support, zur humanitären Intervention, zur Krisenstabilisierung, peace-enforcement, Deeskalation sowie zum „post-conflict peace- and statebuilding" umfasst. Missionen, die sich allesamt zu „crisis management operations" (Marninger 2008: 62) zusammenfassen lassen. An der Schwerpunktbildung von Einsätzen „zur internationalen Konfliktverhütung und Krisenbewältigung – einschließlich des Kampfes gegen den internationalen Terrorismus" lässt auch die Konzeption der Bundeswehr (BMVg 2004: 14f) „auf absehbare Zeit" keinen Zweifel. Wie ersichtlich wird, sind damit „[d]ie Einsätze der Bundeswehr [...] in den allerwenigsten Szenarien auf rein militärische Aufgaben beschränkt". Stattdessen „handelt es sich um multidimensionale Friedensmissionen, in denen vorrangig zivile, politische ökonomische, soziale und kulturelle Lösungsansätze verfolgt werden und in denen ein breit gefächertes Ensemble spezialisierter Akteure [...] zum Einsatz kommt. Dem Militär fällt vor allem in den Anfangsphasen die Aufgabe der Absicherung dieser Bemühungen um einen dauerhaften Übergang von der Gewalt zum Frieden zu" (Gareis 2009: 114 f).

Das Militär soll als Hauptaufgabe Gewalt eindämmen und die Wiederausbruch von Gewalt verhindern, um für „zivile Wiederaufbauarbeit ein sicheres Umfeld zu schaffen" (Kühne 2009: 38). Wie das Beispiel Afghanistan belegt, können Stabilisierungsoperationen auch in kriegsähnliche Auseinandersetzungen übergehen, die völkerrechtlich mit einem „nicht-internationalen bewaffneten Konflikt" gleichzusetzen sind. Mit der alleinigen Anwendung kollektiver militärischer Gewalt ist es aber nicht mehr getan, weil das Aufgabenspektrum der Bundeswehr im Auslandseinsatz „heute von polizeiähnlichen Aufgaben mit sozialen, diplomatischen und helfenden Komponenten [...] bis hin zum klassischen Kampfeinsatz" reicht (Bergmann 2008: 3).

Diese für die Bundeswehr in Anspruch genommenen militärischen Sicherheits- und Stabilisierungsleistungen blieben nicht unwidersprochen. So moniert Chauvistré (2009: 11) daran, dass sie auf „eine völlige Überschätzung ihrer realen militärischen Möglichkeiten" fußen. Nur reicht angesichts der neuen Krisenverhältnisse und ihrer Ursachen in den Einsatzländern der militärische Beitrag ohnehin bei weitem nicht aus, um Stabilität und Frieden sichern und wiederherstellen zu können. Im Gegenteil kann, wie der ehemalige Verteidigungsminister Franz Josef Jung (2007: 19) feststellte, dem neuen Krisen- und Gefahrenspektrum „weder allein noch vorrangig mit militärischen Mitteln begegnet werden". Die Bundeswehr sorge als „militärische Kernaufgabe" wo immer in den Krisengebieten auf dem Balkan, in Afrika oder in Afghanistan für ein sicheres Umfeld, unter dessen Schutz internationale sowie Nichtregierungsorganisationen arbeiten können. „Mit ihren zivilen Aktivitäten fördern [Soldatinnen und Soldaten] den Wiederaufbau und damit selbsttragende Stabilität. Ziviles und militärisches Handeln bedingen sich gegenseitig" (Jung 2007: 21).

Das hier skizzierte umfassende und ineinandergreifende sicherheitspolitische Verständnis von Auslandseinsätzen ist auf den Begriff der „vernetzten Sicherheit" gebracht worden. Hierzu heißt es im Weißbuch (BMVg 2006: 11): „Deutsche Sicherheitspolitik beruht auf einem umfassenden Sicherheitsbegriff, ist vorausschauend und multilateral angelegt. Sicherheit kann weder rein national noch allein durch Streitkräfte gewährleistet werden. Erforderlich ist vielmehr ein umfassender Ansatz, der nur in vernetzten sicherheitspolitischen Strukturen sowie im Bewusstsein eines umfassenden gesamtstaatlichen und globalen Sicherheits-verständnisses zu entwickeln ist. Das Gesamtkonzept der Bundesregierung Zivile Krisenprävention, Konfliktlösung und Friedenskonsolidierung ist ein Baustein hierzu." Und zur Sicherung des Erfolgs von Auslandseinsätzen „muss ressortübergreifend das Gesamt an außen-, sicherheits-, verteidigungs- und entwicklungspolitischer Instrumente und Maßnahmen zum Einsatz gelangen" (ebd.: 30).

Wie immer kritisch das Konzept der vernetzten Sicherheit auch beleuchtet wird (Jaberg 2008), nimmt es bewaffneter Macht die Schlüsselrolle für Einsätze weg und gliedert es ein in einen Kooperationszusammenhang von politischen und zivilen Akteuren. Das Militär ist nur noch ein Faktor. Denn, wie der bereits zitierte Verteidigungsminister (Jung 2006) erläutert, „geht [es] darum, die politischen, militärischen, entwicklungspolitischen, wirtschaftlichen, humanitären, polizeilichen und nachrichtendienstlichen Instrumente der Konfliktverhütung und Krisenbewältigung zu integrieren [...] Dies gilt für die Auslandseinsätze, an denen sich Deutschland in vielfältiger Weise, einschließlich der Bundeswehr, beteiligt".

Damit drohen Streitkräfte nicht einfach mit militärischer Gewalt und wenden sie unter Umständen auch an, sondern werden zu ganzheitlich denkenden politischen und gesellschaftlichen Verantwortungsträgern. Im Hinblick auf den Erfolg einer Mission spielt eine Einsatzarmee, wie Hippler (2009: 7) zurecht betont, nur eine „flankierende, absichernde und wichtige taktische Rolle, wird aber kaum jemals eine strategische Entscheidung herbeiführen." Komfortabel ist diese unterstützende Rolle allerdings nicht. Scheitern nämlich zivile Befriedigungs- und Wiederaufbaumaßnahmen, ist es zumeist das Militär, dass für die ausbleibenden Fortschritte verantwortlich gemacht wird und sich als Zielscheibe der ansteigenden Gewalt im Einsatzland erwehren muss (Gießmann/Wagner 2009: 6).

5 Die neue Einsatzwirklichkeit der Bundeswehr

Seit geraumer Zeit gibt es in der Bundeswehr keinen weiteren dermaßen strapaziös inflationierten Begriff wie den des Einsatzes. Dies steht in auffallender Diskrepanz zu der Nichtssagendheit und Beliebigkeit, mit der dieser Begriff in der Bundeswehr benutzt wird. Eine klare Vorstellung davon, auf welche Einsatzwirklichkeit die Bundeswehr sich in ihren Auslandsmissionen einzulassen hat, bildet aber die Grundlage dafür, um sich wirklichkeitsgerecht materiell und geistig für die Einsätze zu wappnen.

Bei der die Einsatzrealität prägenden Stabilisierungseinsätzen geht die Bundeswehr im Verbund mit anderen internationalen Kontingentstellern in ein Krisenland hinein, um vor dem Ausbruch stehende gewalttätige Konflikte zu verhindern, Auseinandersetzungen zu deeskalieren, Konfliktparteien zu trennen, und ein sicheres Umfeld zu schaffen, dass Gewalt unterbindet, der Bevölkerung Schutz bietet und die Wiederherstellung von staatlicher Ordnung und eines wirtschaftlich prosperierenden friedlichen Zusammenlebens der Menschen absichert und unterstützt. Der Kampf gegen den internationalen Terrorismus und die Verwicklung in hergebrachte Kriegsverläufe gehorchen natürlich einer anderen Logik.

In dieser Einsatzwelt von Kriseninterventionen findet die Bundeswehr Verhältnisse vor, die stark dem obsoleten Bild einer in ein Land einfallenden Kriegsführungsarmee widersprechen. Denn die neue Einsatzwirklichkeit leitet sich her aus dem „Verschwinden des klassischen Krieges“ (Münkler 2009: 2008). Sie wird von gewalttätigen Auseinandersetzungen und Konfliktformen bestimmt, für die das Bild des Zwei-Staaten-Kriegs nichts mehr her gibt (Ruloff/Schuhiger 2007: 10).

Da im Mittelpunkt heutiger Einsatzszenarien nicht mehr intensive Kampfhandlungen stehen, hat auch das klassische Schlacht- und Gefechtsfeld seine Bedeutung verloren. Denn Einsätze werden nicht mehr von Kampfhandlungen regulärer Streitkräfte auf geplanter, kontinuierlicher Operationsbasis zwischen gegnerischen Truppenverbänden bestimmt, die sich über größere räumliche Beweglichkeit und zeitliche Ausdehnung Gefechte mit dem Ziel liefern, den Gegner niederzuringen und zu besiegen. Gefechtsmäßiger Kampf gegen reguläre gegnerische Verbände muss auch als „eher untypisch für den Kampf gegen Gegner gelten, die Methoden der Kleinkriegführung anwenden“ (Warburg 2008: 322).

Während klar ist, dass es bei den heutigen Einsatzszenarien nicht mehr um bewaffnete Auseinandersetzungen zwischen Staaten, also dem klassischen Staatenkrieg geht, tut sich die Forschung dagegen schwer, das vom klassischen Kriegsszenario abweichende Phänomen des nicht staatlichen kollektiven Gewaltkonflikts begrifflich adäquat zu erfassen (Pradetto 2006: 214). Als ein weit verbreiteter Begriff hat sich der der „Neuen Kriege" (Münkler 2004) eingebürgert. Ob jedoch die „Neuen Kriege" in historischer Perspektive wirklich so neu wie behauptet sind, lässt sich mit einiger Stichhaltigkeit bestreiten (Kahl/Teusch 2004, Chojnacki 2004, Tönnies 2009). Nur sind die sich hieraus ergebenden Einsatzszenarien allemal neu, weil sie vor Herausforderungen gestellt sind, die mit denen des klassischen zwischenstaatlichen Kriegs kaum noch etwas gemein haben.

Seit Mitte der 1990er-Jahre wird in diesem Zusammenhang von „Military Operations other than War (MOOTW)" gesprochen (Hippler 2006: 26 f). Auch der Begrif des „kleinen Kriegs" wird mitunter herangezogen, um militärische Missionen mit friedensbewahrenden (peacekeeping), humanitären und friedensschaffenden (peace enforcement) Charakter zu kennzeichnen. Es geht um Militärmissionen „nonkombattanter Natur" (Haltiner 2003: 35), die wegen der beteiligten nicht staatlichen Konfliktparteien und des eher sporadischen und zufälligen denn strategisch durchgeplanten Zusammenstoßcharakters niedriger Gewaltstufe unterhalb der Kriegsschwelle bleiben (Warburg 2008: 12). Michael Howard (2006: 8 f) hat hierfür den Begriff der „Konfrontation" eingeführt, wobei er hierin einen „Zustand anhaltender Feindseligkeit" erblickt, der von „Low-level violence" geprägt sei und bei dem gelegentlich bewaffnete Konflikte begrenzter lokaler Reichweite ausbrechen würden, ohne sich jedoch zu einer militärischen Operation auszuwachsen.

Unter diesen Bedingungen werden Einsatzstreitkräfte mit einer fragilen, angespannten, nicht konsolidierten Sicherheitslage konfrontiert, die jederzeit durch Gewaltausbrüche infrage gestellt werden kann. Einsätze bewegen sich infolgedessen in einer Art unsicheren „Zwischenwelt" von nicht mehr offener Gewalt und fehlendem Zustand des Friedens (Matthies 2004, Baumann 2008: 13 ff, 70 ff). Diese Zwischenwelt kann den Vorhof zur dauerhaften Friedenskonsolidierung bilden. Sie kann aber auch nur „Zwischenkriegszeit" sein, die sich zur „Vorkriegszeit" (Baumann 2008: 16) und dann zum erneuten Gewaltausbruch hochschaukelt.

Streitkräfte bewegen sich also in einem unübersichtlichen Umfeld des Unfriedens und potentieller Feindseligkeit, wo es den Neuausbruch von Gewalt zu verhindern gilt und Sicherheitsvoraussetzungen geschaffen werden müssen, um den Zustand des Nicht-Kriegs in stabile und nachhaltige Verhältnisse des Wiederaufbaus und friedlichen Zusammenlebens überzuführen. Sie werden dabei einer Konfliktkonstellation und einem Gefahrenumfeld ausgesetzt, welche sich mit dem Begriff der Neuen Kriege decken. Kennzeichnend hierfür ist die Entstaatlichung, Privatisierung, Asymmetrisierung und Verselbständigung kriegerischer Gewalt. Teilnahme an internationalen Auslandseinsätzen heißt für die Bundeswehr, in entstaatlichte Formen inhumanbrutalisierter Gewaltanwendung von Gewaltakteuren verwickelt zu werden, bei denen sich Elemente von Bürgerkrieg, Stammesfehden, organisiertem Verbrechen, kriegerischen Raubzügen und terroristischen Anschlägen vermischen können. An die Stelle klarer Frontlinien und der Unterscheidung von Kombattant und Zivilbevölkerung, von Feind und Freund finden Einsatzstreitkräfte eine unübersichtliche Gemengelage vor, die je nach Ausmaß des Staatszerfalls (Troy 2007: 31 ff) von regionalen Kriegsherren, Stammesfürsten, korrupten Staatsvertretern, Gewaltunternehmern, Clan- und Bandenführern, Drogenbaronen, Waffenhändlern, Aufständischen, Glaubenskriegern, Kindersoldaten, marodierenden Milizen und terroristischen Gruppen dominiert werden, die untereinander um territoriale Macht, Ressourcen und Bodenschätze, um Waffen- und Drogenhandel rivalisieren.

Staatliche Sicherheitsakteure, wie schlecht besoldete Polizei und Militär, sind häufiger ineffizient, korrupt, rechtsbrecherisch und brutal, so dass sie selbst als „Unsicherheitsproduzent und Gewaltakteur" auftreten (Herd 2009, Hönke 2009: 15, 19). Dies korrespondiert damit, dass angesichts schwacher Regierungen und zerfallender Staatlichkeit das staatliche Gewaltmonopol zur Aufrechterhaltung öffentlicher Sicherheit und Ordnung erodiert ist (Hönke 2009: 19). Hieraus schöpft die Kriegsökonomie ihre Existenzgrundlage, zu deren Aufrechterhaltung exzessive Gewaltanwendung eingesetzt wird. Als Ausdruck der damit einhergehenden Barbarisierung von Gewalt können Einsatzsoldaten mit Massakern, Vertreibung, Raub, Plünderungen und Brandschatzungen konfrontiert werden.

Wesentliches Kennzeichen der neuen Einsatzwirklichkeit ist, dass Soldatinnen und Soldaten im Einsatzland gegen „einen Feind ohne Gestalt" (Münkler 2001: 581) antreten. Schlimmer noch ist es ihnen kaum möglich, Freund oder Feind, Zivilist oder Kombattant voneinander zu unterscheiden. Kann der Dorfälteste, der Polizist, der Mullah tagsüber Teil der Unterstützerkoalition sein, verwandelt er sich womöglich in der Nacht zum Verbündeten der Aufständischen. Unter diesen Bedingungen Gewalt zu unterbinden und Sicherheit herzustellen, bedeutet für Einsatzsoldaten, sich einer höchst instabilen, undurchsichtigen, häufig feindseligen und konfliktträchtigen Gefahrenumwelt auszusetzen (Soeters/Winslow/Weibull 2003: 247).

Die Gefahrensituation potenziert sich dadurch, dass sich Einsatzkräfte auf asymmetrische Konfrontationssituationen einzurichten haben, bei denen sich der Gegner der Mittel des klassischen Partisanenkriegs bedient. Aufständische kompensieren hierdurch ihre Unterlegenheit an Feuerkraft und personeller Stärke. Sie greifen unvorhergesehen verdeckt und aus dem Hinterhalt an, um sich sofort der Gegenwehr der Angegriffenen zu entziehen. Ohne wirkliche Wappnung und Vorwarnung stehen deshalb Einsatzkräfte in der Gefahr, zur Zielscheibe und Opfer von Scharfschützen, Raketenbeschuss, Sprengfallen und Selbstmordattentätern zu werden. Die von Aufständischen und Terroristen praktizierte asymmetrische Kriegsführung setzt dabei nicht auf Sieg, sondern darauf, die Einsatzstreitkräfte durch gezielte Attacken und anhaltende militärischer Verluste zu zermürben und dadurch den Willen zur Weiterführung des Einsatzes zu unterminieren. Auf ihrer Seite steht der Faktor Zeit. Dagegen bewegen sich die Einsatzkräfte als Eindringlinge und Fremde in einem Land, deren einheimische Bevölkerung zumeist auf der Seite der Aufständischen und Rebellen steht und ihnen Unterschlupf, Rückzugsraum und Versorgung bietet.

Unter diesen unberechenbaren und gefahrvollen Bedingungen asymmetrischer Kampfführung den Auftrag der Krisenstabilisierung und Herbeiführung gewaltfreier Verhältnisse zu erfüllen, konfrontiert die Einsatzarmee Bundeswehr mit einem Dilemma. Auf der einen Seite muss ihr um den Erfolg der Mission alles daran gelegen sein, Gegner im Einsatzland nicht zu bekämpfen, sondern zwischen Konfliktparteien deeskalierend und beruhigend zu wirken. Hierfür muss sie polizeiliche Aktivitäten entfalten, um der Bevölkerung Schutz zu gewähren und um Grundbestandteile öffentlicher Ordnung und Sicherheit herzustellen. Um das Vertrauen der Einheimischen zu gewinnen und sie auf die eigene Seite herüberziehen zu können, sind Präsenz in den Ortschaften zu zeigen und Kontakte zu pflegen. Und möglichst ist gegenüber den Einheimischen und den örtlichen Autoritäten der Eindruck von Eindringlingen und Fremden zu überwinden, indem die kulturellen Besonderheiten und Lebensgewohnheiten der Menschen respektiert und militärisch gewährter Schutz gleichzeitig mit ziviler Wiederaufbauarbeit verknüpft wird. Hierfür liefern die „provincial reconstruction teams (PRT)“ in Afghanistan ein anschauliches Beispiel. Tragen die militärisch-zivilen Anstrengungen Früchte und schlagen sich in verbesserter Befriedigung der Grundbedürfnisse und Lebenssituation der Bevölkerung nieder, lassen sich Fortschritte erwarten, so dass der Rückhalt der Aufständischen und Konfliktparteien bröckelt und sie sich genötigt sehen, den bewaffneten Widerstand aufzugeben.

Hinter dieser Vorgehensweise steht die Erkenntnis der älteren Aufstandsforschung, den Einsatz von militärischer Gewalt gegenüber der Zivilbevölkerung tunlichst zu vermeiden und sie durch greifbaren Schutz und durch Zuwendungen von der Unterstützung der Aufständischen abzubringen. David Galula (1964: 89) hat dies schon früh auf die Formel gebracht, dass „counter-

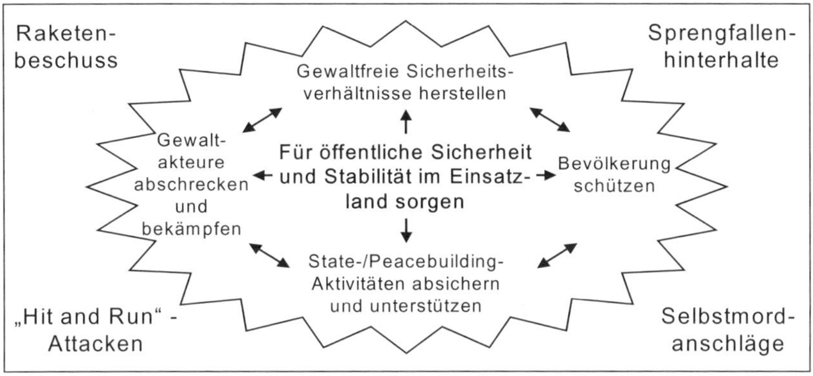

Abb. 5: Aufgabenspektrum und Gefahrenumfeld von Soldaten im Einsatz

insurgency effects" zu „80 percent political" und zu „20 percent military" seien. Durch die von US-General Petraeus eingeführte Strategie „winning hearts and minds" (Krech 2008: 20 ff) ist diese Idee wieder revitalisiert worden.

Auf der anderen Seite sind Aufständische und Widerstandsgruppen daran interessiert, die Einsatztruppen mit den Mitteln der asymmetrischen Kriegführung aus dem Land zu vertreiben. Sie gehen dabei mit entgrenzter Brutalität und gezielter Gewalttätigkeit vor, aus dem Hinterhalt heraus operierend und ihren Kombattantenstatus verschleiernd.

Die Angriffe erfolgen dezentral, sind von hoher Mobilität, so dass sich die Angreifer, soweit es sich nicht um Selbstmordattentäter handelt, nach dem Überfall und Scharmützel aus dem Hinterhalt, rasch zurückziehen („hit and run"). Opfer unter der Zivilbevölkerung werden bewusst in Kauf genommen.

Um solche Austragungsmodi des bewaffneten Kampfes vorbeugend zu unterbinden und wirksam zu begegnen, stoßen die Einsatztruppen auf enge technische und moralische Grenzen. Wo es keinen greifbaren Gegner, keine räumlich eingegrenzte Front gibt, kann man ihn auch nicht militärisch bekämpfen, niederringen und besiegen. Und auch ihre Feuerkraft und Ausrüstungsüberlegenheit können die Einsatztruppen nicht ausspielen, um die Angreifer auf Distanz zu halten und auszuschalten. Und ihnen sind enge moralische Schranken gezogen, den heimtückisch und jenseits des Kriegs- und Völkerrechts operierenden Gegner mit seinen eigenen Waffen zu schlagen. Denn: „Passt sich der Starke den Methoden des Gegners an, so untergräbt er nicht nur die Moral der eigenen Streitkräfte, sondern auch die ethischen Grundlagen einer Gesellschaft" (Ehrhart 2009: 26). Ziehen sich aber Einsatzkräfte wegen des hohen Gefahrenpotentials in ihre Lager zurück und fahren Patrouille nur noch mit schweren gepanzerten Geräten, brechen die Verbindungen zur Zivilbevölkerung ab, die für den Erfolg der Mission unentbehrlich sind. So droht Einsatzkräften die Gefahr, zwischen Skylla, der Zivilbevölkerung Schutz zu gewähren und deren Freund und Helfer zu sein, sowie Charybdis, nämlich gegen Aufständische mit Gegengewalt zu reagieren, aufgerieben zu werden.

Je mehr sich Einsatzsoldaten aus dem Schutz ihrer befestigten Feldlager herausbegeben und sich in der Fläche unter die Bevölkerung mischen, desto größer wird die Gefahr, Opfer eines feigen Hinterhalts, einer Sprengfalle, eines Scharmützels oder Attentats zu werden. Weil sich hinter jeder Zivilperson, dem Bauern auf dem Feld, dem Passanten auf dem belebten Markt, dem Fahrer eines Kleinlasters ein Attentäter verbergen kann, steigert sich das physische und psychische Bedrohungsmoment für die Einsatzsoldaten. Die urplötzliche Verwicklung in eine Kampfhandlung konfrontiert Soldaten mit der existentiellen Grenzsituation, sowohl die eigene Gesundheit und das eigene Leben als auch das von Kameraden bzw. unterstellten Soldaten auf Spiel zu setzen. Und es geht darum, im Feuergefecht selbst zu töten bzw. es Untergebenen zu befehlen. Zu den psychisch extrem belastenden Herausforderungen zählt zudem die Konfrontation mit dem Kameradentod und dem Tod von unbeteiligten Zivilisten, darunter vor allem Kindern. Auch Gefangenschaft und Geiselhaft zählen zu den bedrohlichen Risiken. Die verheerenden Folgen von Sprengstoff, Massenerschießungen und brutaler Gewalt sind ebenfalls nur schwer zu verkraften. Vorgesetzte können vor die Entscheidung gestellt werden, schutzbefohlene Untergebene um die Wahrung eines höheren Gutes dem Tod preiszugeben oder sie vor den Tod nicht bewahren zu können.

Wie der ehemalige Generalinspekteur der Bundeswehr Schneiderhan (2008: 147) ausführt, kann sich im Einsatz die persönliche Gefährdung mit den schockierenden Erleben menschlichen Elends und Leid mischen: „Einsätze können die Soldatinnen und Soldaten mit bisher nicht erlebten Extremsituationen wie Not in der Bevölkerung, Zerstörung, Hinterhalt und Beschuss, Bergen und Versorgen von Verwundeten und Toten, darüber hinaus auch mit Kriegsverbrechen und Gräueltaten sowie mit persönlichen Leistungseinbrüchen und eigenen Emotionsausbrüchen wie Heimweh, Angst, Aggression, Schuldgefühl, Trauer, Hektik oder Apathie konfrontieren."

Blickt man vom Somalia über den Kongo zum Libanon, Bosnien, Kosovo bis hin nach Afghanistan, differenziert sich die Einsatzwirklichkeit in einen breiten Fächer auf, ohne einem beständigen Muster zu gehorchen. Gleichwohl begegnen Einsatzstreitkräfte überall als Gefahrenlage dem Problem der chaotischen, unübersichtlichen", entstrukturierten Sicherheit und latenter Gewalt, was sich, wie im Falle Afghanistans, bis hin zur heimtückischen Todesgefahr steigern kann. Schon von den Einsatzursachen her gleichen Auslandseinsätze „High-Risk"-Unternehmungen.

Schwer zu organisierende Gefahrenabwehr zwingen Einsatzstreitkräfte zu hohem Selbstschutzaufwand („force protection"), dem sie durch Einrichtung von Feldlagern Rechnung tragen. Dies hat für den Erfahrungshorizont von Einsätzen zur Folge, dass ein Großteil von Soldaten ihre mehrmonatigen Auslandseinsätze in der Alltags- und Lebenswelt von räumlich eng begrenzten Feldlagern verbringen. Der abgeschirmte Alltag wird vom monotonen Leben und Arbeiten in der multinationalen Lagergemeinschaft bestimmt (Tomforde 2008: 70 ff). Für die Masse der Einsatzsoldaten repräsentiert sich ihre viermonatige Einsatzwirklichkeit aus räumlicher Enge, dem fließenden Übergang von Dienst-, Freizeit und Regeneration, aus Gemeinschaftsverpflegung, Vier- und Zweibettunterkünften und einem Maß an sozialer Kontrolle, das eine individuelle Privatsphäre nicht zulässt. Neben mitunter extremen klimatischen Belastungen, Dreck und Staub treten Spannungen in der „Work-Life-Balance" auf und bei der Aufrechterhaltung partnerschaftlicher und intakter Familienbeziehungen.

Während diese Gruppe während ihrer Stehzeit nicht das Lager verlässt und nie mit Land und Leuten in Berührung kommt, setzt sich hiervon eine Minderheit von rund 25 Prozent Einsatzsoldaten ab. Sie verlassen das Lager für Patrouillenfahrten, Geländeerkundigungen, Außenposten, Kontaktpflege im Rahmen der zivil-militärischen Zusammenarbeit. Das beschriebene Gefahrenpotential ist insofern zwischen beiden Gruppen ungleich verteilt, wenngleich Feldlager auch dem Sicherheitsrisiko des Raketen- und Mörserbeschusses unterliegen. So wird die neue Einsatzwirklichkeit von Auslandsmissionen zu einem vielschichtigen und buntscheckigen Phänomen mit vielen Gesichtern, auf die Einsatzsoldaten zu reagieren haben.

6 Der neue Soldat im Einsatz

Die alte Bundeswehr als Verteidigungsarmee kannte nur den einen Soldaten: denjenigen, der als Experte für die Androhung und Anwendung von Gewalt das Kriegshandwerk beherrschte, um die Bundesrepublik Deutschland gegen einen möglichen Angriff aus dem Osten zu verteidigen. Entsprechend wurde er im Gebrauch des Gewehrs, des Panzers, des Artilleriegeschosses geschult, um damit Gegenwehr zu leisten. Die Bedrohungslage verlangte nach Kämpfern, die allerdings, und das war der Gefahr des atomaren Weltkrieges geschuldet, kämpfen konnten und kämpfen wollten, um nicht kämpfen zu müssen. Die Bundeswehr war Heimatschutztruppe im Wartestand, die den Soldaten nach ihrer Ausbildung sehr viel Wachdienst, technischen Dienst und körperliche Inübunghaltung abverlangte. Die Bundeswehr wartete auf den Krieg, der glücklicherweise bis zum Zusammenbruch der Sowjetunion und der deutschen Einheit ausblieb.

Jetzt geht es nicht mehr, wie aufgezeigt wurde, um Krieg, sondern um vernetzte internationale Sicherheitsvorsorge, Krisenbewältigung und Friedensstabilisierung in Einsatzländern weitab von der deutschen Heimat. Dies bleibt nicht ohne Auswirkungen auf die Aufgaben und das Anforderungsprofil, die Soldatinnen und Soldaten in Auslandsmissionen zu erfüllen haben.

Die Experten sind sich darin einig, dass der Soldat als klassischer Gewaltexperte den neuen Aufgaben, die die Bundeswehr als Kriseninterventionsarmee zu erfüllen hat, nicht mehr gewachsen ist. Nur differieren die Auffassungen darin, ob der Soldat seine alte Rolle abzuschütteln beginnt oder ob er seine militärische Expertise durch weitere notwendige zivile Fähigkeiten und Kompetenzen anreichert. Jedenfalls ist zu unterstellen, dass das erweiterte Aufgaben- und Einsatzspektrum der Bundeswehr nach Soldaten verlangt, denen es „nicht länger gestattet [ist], nach rein militärischen Normen und Regeln zu denken und zu handeln" (von Bredow 2000: 319). Jetzt geht es um ein breiteres, multifunktionales Befähigungs- und Kompetenzprofil, für das das des klassischen Kämpfers mit seiner Kompetenz für Gewaltandrohung und Gewaltanwendung nicht mehr ausreicht.

Wie der ehemalige Generalinspekteur der Bundeswehr, Wolfgang Schneiderhan (2007: 16) hierzu erklärt, „[reicht h]eute [...] das soldatische Berufsprofil von zivilen, präventiven, manchmal polizeiähnlichen Aufgaben bis hin zum klassischen Kriegseinsatz." Selbst wenn der Einsatz unter zugespitzten Gefahrenumständen erfolgt, besteht der Auftrag des Soldaten im Einsatz darin, Sicherheit und Schutz der Bevölkerung und der Regierungsorgane herzustellen, was mit weiterreichenden Ansprüchen einhergeht: „Das soldatische Subjekt muss wissen, wie man kämpft, wie man lokale Sicherheit gewährleistet, wie man Konflikt-Situationen deeskaliert, wie man lokale Gegner behandelt, wie man mit lokalen Partnern und zivilen internationalen Hilfsorganisationen zusammen arbeitet und wie man kriegsbedingt zerstörte Infrastrukturen wieder mit aufbaut“ (Haltiner/Kümmel 2008: 50).

Das offenkundig mit einer zivilen Anreicherung der Erwartungen einhergehende „job enlargement“ von Soldaten hat zu der Schlussfolgerung geführt, dass das Militär einer „aufgabenbedingten Zivilisierung“ (Kersten 2002: 43) unterliegt. Diesen Prozess der Verpolizeilichung des Militärs hat Janowitz (1960: 418) bereits vor 40 Jahren beschrieben, ausgehend davon, dass sich das Militär weg vom Gebrauch von Gewalt hin zu einem Sicherheits- und Schutzapparat entwickeln würde. Haltiner (2003: 35) greift diesen Gedanken mit dem Argument wieder auf, dass das Militär bei Auslandseinsätzen „in erster Linie Verwendung für Operationen polizeilichen Charakters“ fände. Er unterstützt dies mit einer Auflistung von Tätigkeiten, die Soldaten im Rahmen von Peacekeeping – und Krisenstabilisierungsmissionen verrichten würden: „Soldaten verhindern vor Ort bewaffnete Konflikte, setzen Recht durch, bewachen terrorgefährdete Objekte und Konferenzen, stellen die öffentliche Ordnung wieder her, schützen ethnische Minderheiten und Veranstaltungen, ersetzten Streikende des öffentlichen Dienstes, helfen bei Naturkatastrophen, führen Wahlen und Abstimmungen durch, unterstützen und begleiten lokale Polizisten und helfen schließlich beim Wiederaufbau kriegszerstörter Infrastrukturen ebenso mit wie bei der Wiedereinrichtung zerrütteter gesellschaftlicher und politischer Institutionen“ (ebd.).

Für Verpolizeilichung des Militärs spricht umso mehr, je mehr es in erster Linie auf die Wahrung und Wiederherstellung öffentlicher Sicherheit und Ordnung fokussiert ist (Apelt 2009: 147). Dies setzt nämlich voraus, um die Zivilgesellschaft für sich zu gewinnen, Gewalt einzusetzen tunlichst zu vermeiden. Fällt der erste Schuss, so kann eine Aussage des US-Generals David Peträus dahin interpretiert werden (Apelt 2009: 148), ist vom Einsatzziel her betrachtet etwas schiefgelaufen. Dies ist der Hintergrund, warum von US-Army-Seite die Verpolizeilichung des „war-fighters“ als grundlegend für den Erfolg von Stabilisierungseinsätzen betrachtet wird (Campell/Campell 2010: 331 ff).

Mit dem Wandel des kämpfenden zum kooperativen Soldaten als Kriseninterventionsspezialist ist eine Aufgabenerweiterung verknüpft, die durch Vermehrung der Rollen, denen der Soldat gerecht werden muss, zum Ausdruck gebracht wird. So umfasst das Rollen-Set des Einsatzsoldaten nach Haltiner (2006: 519) „Gendarmen, Wächter, Beamte, Beobachter, Feuerwehrleute, Diplomaten, Richter, Schiedsrichter, Sanitäter, Verwalter und Sozialarbeiter." Wenn auch nicht ganz so enzyklopädisch ist dieses erweiterte Rollen-Set-Modell bis in das Weißbuch der Bundesregierung (BMVg 2006: 102) vorgedrungen und hat dort mit der Aussage, dass Soldaten in Auslandseinsätzen neben ihrer Rolle als Kämpfer „immer auch als Helfer, Vermittler und Schlichter gefordert" seien, seinen Niederschlag gefunden. Der Parlamentarische Staatssekretär im Verteidigungsministerium Schmidt (2008: 13), reichert das multiple Rollenkonzept des Soldaten noch um weitere polizeiliche und zivile Komponenten an. Die Aufgabenbandbreite reicht demnach „vom soldatischen Profil des Menschenführers, des Stabsarbeiters, des Spezialisten und des Kämpfers, über das neu dazu kommende Spektrum des Retters, Helfers, Beobachters, Beschützers und Bewahrers bis zum vermittelnden Einsatz als Schlichter und ‚Diplomat'."

Wie vielleicht irrtümlich aus dem Begriff der Verpolizeilichung herausgelesen werden könnte, geht es diesen Stimmen allesamt nicht um einen Transformationsprozess des Kriegers hin bis zum Polizisten. Vielmehr wird an ein Rollen-Set des Soldaten gedacht, in dem sich traditionell soldatische mit polizeilichen und zivilen Kompetenzen und Eigenschaften mischen (Kümmel/von Bredow 2000: 9). Damit legen Soldaten bei aller Verpolizeilichung des Aufgabenspektrums ihre Kernkompetenz als Spezialisten für Gewaltanwendung nicht vollends ab. Sie bleiben vielmehr, wie von Bredow (2006: 320) formuliert, „mit Waffen ausgerüstete Sozialarbeiter". Dies deshalb, weil Einsätze in Gewalt umschlagen können, denen sich der Soldat kämpfend zu erwehren hat. Insofern verkörpert der Soldat im Einsatz von Aufgaben- und Anforderungsprofil her einen Hybrid, von dem die militärischen und zivilen Berufsansprüche gleichermaßen erfüllt werden müssen.

Vor diesem Hintergrund verlangt die Einsatzwirklichkeit vom Soldaten eine hochkarätige individuelle Professionalität, die sich in einem „komplexen System von Fähigkeiten und Fertigkeiten" ausdrückt (Schwede 2009: 6). Denen zu entsprechen, wird ein ganzer Katalog an Eignungsvoraussetzungen mit der Rolle des Soldaten im Einsatz verbunden. So fordert Schwede die „Erfüllung eines umfassenden Anforderungsprofils, das neben militärischen Fertigkeiten alle geistigen, ethischen und charakterlichen Merkmale und Fähigkeiten umfasst" (ebd.: 7), wie sie in körperlicher Leistungsfähigkeit, interkultureller Kompetenz sowie ethischer und Rechtskompetenz ihren Ausdruck finden.

Nicht von ungefähr wird in der Diskussion um die einsatzgerechte Kompetenzausstattung von Soldatinnen und Soldaten das Augenmerk insbesondere auf „soziale Empathie- und Konfliktfähigkeit, interkulturelle Kompetenz sowie Rollendistanz und politische Urteilskraft" gerichtet (Seiffert 2005: 330). Haltiner und Kümmel (2008: 50) geben sich mit diesen Qualifikationen noch nicht zufrieden und verlangen von Soldaten einer Einsatzarmee darüber hinaus ein Selbstverständnis, das „auf einer Art humanitären Kosmopolitismus und der Orientierung an Menschenwürde und Menschenrechten beruht."

Dass der Soldat im Einsatz einem weit über die Beherrschung des militärischen Handwerks hinausreichenden Anforderungsprofil unterliegt, wird auch regierungsamtlich unterstrichen. So heißt es im Weißbuch von 2006 (BMVg 2006: 80 f): „Das ganze Spektrum der Auslandseinsätze bestimmt heute das Selbstverständnis der Soldatinnen und Soldaten. Gleichzeitig sind die Soldatinnen und Soldaten in der neuen Bundeswehr – neben ihrer Funktion als Kämpfer – auch Helfer, Schützer und Vermittler. Dieses Anforderungsprofil verlangt von ihnen Analyse- und Handlungsfähigkeiten, die über rein militärische Aspekte weit hinausreichen. Politische Bildung hilft ihnen, die Komplexität von Krisenszenarien zu erfassen und politische Rahmenbedingungen zu beachten. Intensive ethisch-moralische Bildung trägt nicht nur dazu bei, ein reflektiertes berufliches Selbstverständnis zu entwickeln, sondern fördert auch die Fähigkeit des Einzelnen, in moralisch schwierigen Situationen eigenverantwortlich zu handeln. Eine umfassende interkulturelle Bildung schärft das Bewusstsein für die religiösen und kulturellen Besonderheiten in den jeweiligen Einsatzgebieten."

Vor allen Dingen von Offizieren der Bundeswehr wird „politische, soziale, ethische und moralische Urteilskraft" (Schreiner 2007: 124) erwartet. Sie haben den „kulturellen Besonderheiten" eines Einsatzlandes Rechnung zu tragen, was „politisches Urteilsvermögen, ausgeprägte interkulturelle Kompetenz, Charakterstärke und diplomatisches Fingerspitzengefühl" (Schmidt 2008: 12) voraussetzt. Und „ethisches und rechtsstaatliches Bewusstsein" hat für die „Vorbildfunktion" von Offizieren der Bundeswehr einen dermaßen hohen Stellenwert, dass „primär handwerkliches Können" hintenansteht (Schneiderhan 2008: 146).

Wenn auch die an Soldaten im Einsatz gerichteten Ansprüche der Erweiterung ihres Aufgabenprofils geschuldet sind, läuft dies für die Betroffenen nicht nur auf eine Art Erwartungsüberfrachtung hinaus, sondern ihnen wird noch dazu zwangsläufig zugemutet, in der Ausübung der Rolle Einsatzsoldat ein hohes Ausmaß an Widersprüchen und Spannungen auszuhalten. So spricht Jens Warburg (2008: 331, 346) sogar von „paradoxen Verhaltensanforderungen", zumal Soldatinnen und Soldaten „innerhalb des gleichen Berufs ihr Handeln an Normen ausrichten, die sie zum einen befähigen, Menschen zu verletzen und zu töten und die zum anderen ihr Handeln darauf orientierten, Menschen zu helfen und zu unterstützen." Ihnen wird mit anderen Worten „ ein Spagat abverlangt", wenn sie „innerhalb des gleichen Berufs und gleichzeitig, oder doch zumindest zeitnah, einerseits Menschen helfen sollen und andererseits fähig sein sollen, diese zu töten oder zu verletzen“ (Warburg 2010: 263).

Unvereinbares zu vereinbaren ist für den neunen Einsatzsoldaten wohl der Preis, wenn sie neben der soldatischen Kämpferrolle auch noch die zivilberuflichen Befähigungen etwa für das Technische Hilfswerk, für Entwicklungshelfer, Polizisten und Sozialarbeiter aufbringen sollen. Es wäre dann wenigstens nicht zu viel verlangt, wenn die erwartete Rollenflexibilisierung mit klar definierten Handlungssituationen verbunden wäre. Angesichts der Einsatzwirklichkeit hat der Einsatzsoldat aber ganz im Gegenteil Ungewissheit und Ambiguität zu ertragen. So lastet auf Soldaten im Einsatz das nicht auflösbare Problem, sich nicht gewiss sein zu können, „in welcher Situation sie welche Kompetenzen einsetzen müssen und wie sie situativ von einer Handlungsstrategie in eine andere wechseln können“ (Apelt 2009: 144). Insofern steckt im neuen Soldaten im Einsatz ein tragisches Moment, fehl zu handeln, ohne dem durch Aufbringung aller Kompetenz entgehen zu können. Auch die Verpflichtung auf Werte und hohe moralische Ansprüche (Maringer 2008: 45) feihen ihn nicht davor, unangemessen zu handeln und sogar moralische Schulden zu machen.

7 Missglückte Anpassung der Inneren Führung an die Einsatzwirklichkeit

Wie aufgezeigt wurde, hat die Bundeswehr einen Transformationsprozess hin zur Einsatzarmee durchgemacht, der ihren grundlegend gewandelten sicherheitspolitischen Rahmenbedingungen und dem darauf ausgerichteten neuen Aufgabenspektrum geschuldet ist. Der dabei vollzogene Kontinuitätsbruch gegenüber der Vergangenheit als Landesverteidigungsarmee geht dermaßen tief, dass sich zurecht von einem „Wesenswandel" (Biehl 2008: 10) der Bundeswehr sprechen lässt.

Die Transformation mit einem geistigen Umbauprozess und Kulturwandel der Armee auszufüllen, ließ aber eine lange Zeit auf sich warten. Dies überrascht umso mehr, wie die letztmalig 1993 überarbeitete Zentrale Dienstvorschrift „Innere Führung" noch in ihren Aussagen in der Tradition der alten Bundeswehr stand, ohne aus der sich anbahnenden Transformation hin zur neuen Einsatzarmee Schlussfolgerungen ziehen zu können. Die erneute Überarbeitung der noch vergangenheitsorientierten Leitlinien für den geistigen Überbau, das Selbstverständnis und das Berufsleitbild der Bundeswehr blieben über Jahre liegen, weil zunächst der neue sicherheitspolitische Rahmen auszuformulieren war, aus dem heraus die Neuaufstellung der Armee vom Grunde her abgeleitet werden konnte. Infolgedessen fokussierten sich die einschneidenden Reformmaßnahmen zunächst auf Personalumfänge, Fähigkeiten, Kräftekategorien, Ausrüstung und Strukturen der Einsatzarmee, während der von oben zu initiierende Kulturwandel hintenangestellt wurde. Dass die Bundeswehr ihren Strukturwandel ohne synchron geschalteten Kulturwandel vollzog, kann aus den Erfahrungen des organisatorischen Change Managements durchaus als problematisch angesehen werden (Wiesendahl 2005: 18 ff).

Erklären lässt sich die zeitliche Entkopplung von Struktur- und Kulturwandel einmal damit, dass die maßlos in Anspruch genommenen personellen Kräfte nicht ausreichten, um neben dem Kraftakt der organisatorischen Neuaufstellung der Armee auch noch gleichzeitig das diffizile Problem des Leitkulturwandels anzugehen. Zum anderen ist aber für das sich hinziehende Zögern viel aufschlussreicher, dass es in politischen und militärischen Spitzenbereich der Bundeswehr Auffassungsunterschiede gab, inwieweit die hergebrachte Innere Führung beizubehalten bzw. aber an die neuen Gegebenheiten einer Einsatzarmee anzupassen sei (Wiesendahl 2007: 13 ff).

So äußern sich die Verteidigungspolitischen Richtlinien von 2003 (BMVg 2003: 88) dahin, dass das Konzept der Inneren Führung weiterzuentwickeln sei, „um es an die neuen Einsatzbedingungen der Streitkräfte anzupassen und die Einbettung der Streitkräfte in die Gesellschaft zu verstärken". Von dieser Linie setzt sich dann das Weißbuch von 2006 (BMVg 2006: 80) diametral ab, indem es ohne weitere Begründung dekretiert, dass sich „die Konzeption der Inneren Führung [...] auch im Einsatz bewährt [hat]." Hiervon losgelöst nahm am 29. Januar 2003 ein Unterausschuss des Verteidigungsausschusses des Deutschen Bundestages seine Arbeit auf, um über die „Weiterentwicklung der Inneren Führung, politischen Bildung und sozialen Verantwortung für Angehörige vor dem Hintergrund des Aufgaben- und Strukturwandels im Einsatz" zu beraten. 2007 wurde ein Abschlussbericht vorgelegt, dem jegliche öffentliche und innerministerielle Resonanz fehlte. Auch eine nennenswerte Einflussnahme des Unterausschusses auf die in der Entstehung befindliche neue ZDV 10/1 war nicht zu erkennen (Meyer 2009: 25 f).

An der neuen Vorschrift zur Inneren Führung wurde jenseits politischer Beeinflussung unter Federführung des Referats I.4 im Führungsstab der Streitkräfte von 2004 an vier Jahre lang gearbeitet. Nachdem ein zu „theoretischer" Zwischenentwurf nicht die Billigung der militärischen Spitze fand und auch Einwände des Beirats für Innere Führung zu berücksichtigen waren, wurde eine vereinfachte Version als neue ZDV 10/1 mit dem Titel „Innere Führung. Führungskultur und Selbstverständnis" am 28.01.2008 vom damaligen Verteidigungsminister Franz Josef Jung in Kraft gesetzt. Ein Novum ist dabei, dass sie allgemein, auch über das Internet, zugänglich ist und in handlicher Broschüreform verbreitet wird. Mit der neuen Vorschrift nimmt ein top down initiierter und gesteuerter Prozess des Kulturwandels ein Ende, der den geistigen Überbau der Armee als Einsatzarmee in eine modernisierte Gussform zu bringen versucht.

Geklärt wird damit, was an gewachsener kulturellen Identität zur Inneren Führung bewahrenswert ist und welche neuen Komponenten und Sichtweisen dem Leitkulturkonzept hinzuzufügen sind, um den Ansprüchen der gewandelten Aufgabenstellung der Bundeswehr und der Einsatzwirklichkeit gerecht zu werden. Über allzu viel Neues gibt es schon deshalb nicht zu berichten, weil die alte ZDV 10/1 von 1993 im Aufbau und Inhalt größtenteils unverändert, und sei es sinngemäß, fortgeschrieben wird.

Das beginnt damit, dass sich die neue 10/1 genauso wie die alte um eine klare Definition dessen, was Innere Führung als Leitkultur besagt, herumdrückt. Dabei war von Anfang an klar, worum es dem ursprünglichen Reformkonzept ging, nämlich das „Innere Gefüge" der neu zu schaffenden Bundeswehr auf ein ethisches und geistiges Fundament zu stellen (Schneiderhan 2008: 16 f). Die neue Vorschrift schließt hieran an, indem sie in Ziffer 107 ausführt: „Innere Führung umfasst die geistige und sittliche Grundlage der Streitkräfte. Sie durchdringt das gesamte militärische Leben“. Was dieser umfassende, ganzheitliche Ansatz jedoch genauer besagt, führt nicht zu einer abgestimmten Auslegung. So wendet sich anlässlich der Herausgabe der neuen 10/1 der Presse- und Informationsstab des Verteidigungsministeriums (BMVg 2008) mit der Aussage an die Öffentlichkeit, dass die „Konzeption der Inneren Führung [...] seit über 50 Jahren als erfolgreiche „Unternehmens-philosophie“ anerkannt“ sei. Für den Binnenbereich begnügt sich dagegen die Vorschrift selbst aber im Untertitel mit der Eingrenzung auf „Führungsphilosophie und Selbstverständnis“. Vom Kern der Inneren Führung, nämlich der umfassenden demokratischen Einbindung und Integration der Bundeswehr in Staat und Gesellschaft, abzusehen, wird so Tür und Tor geöffnet.

Ausgesprochen dürr fällt dafür unter Ziffer 311 die elementare Neubestimmung des sicherheitspolitischen Rahmens aus, der die Transformation der Bundeswehr zur Einsatzarmee begründet. Hieraus substantiell Sinn und Verständnis für die neuen Einsatzszenarien und die Gefahrenpotentiale der neuen Einsatzwirklichkeit zu beziehen, kann nicht erwartet werden. Davon vollständig losgelöst bestimmt die Vorschrift, dass der Soldat den höheren Sinn seines Auftrags und Tuns im Eintreten für „Menschenwürde, Freiheit, Frieden, Gerechtigkeit, Gleichheit, Solidarität und Demokratie als den leitenden Werten unseres Staates“ findet (Ziffer 106). Wie sich das in seiner Abstraktheit mit den Einsatzszenarien und der Einsatzwirklichkeit verträgt, will sich nicht erschließen.

Hier wirkt sich ein zentrales Manko der neuen Vorschrift aus, nicht die neue sicherheitspolitische Risikowelt und die Einsatzbedingungen näher zu beschreiben, unter denen Soldatinnen und Soldaten ihren nicht näher bestimmten Auftrag zu erfüllen haben. Nichts ist von den Herausforderungen asymmetrischer Kriegsführung zu lesen, nichts von den Gefahrenmomenten, denen sich Einsatzsoldaten bei Krisenpräventions- und Stabilisierungseinsätzen zu stellen haben. Schlimmer noch bilden Einsatz, Einsatzaufgaben, Einsatzformen, Einsatzwirklichkeit, also alles was für die „Armee im Einsatz“ daseinsbestimmend und sinngebend sein könnte, eine Leerstelle. Nicht zu Unrecht „entpuppt sich die Betonung von Einsatz“ deshalb für von Rosen (2009: 38) „weitgehend als eine Sprechblase [...], ohne konkrete Anregungen und Anweisungen für die Anwendung der Inneren Führung im Einsatz-Alltag vor Ort.“

Unternehmensphilosophie
Bundeswehr mit erweitertem Aufgabenspektrum
Armee in der Demokratie:
- ziviler Primat
- Parlamentsheer
- Integration von Bw u. Gesellschaft

Führungsphilosophie
Schutz der Grundrechte und Menschenwürde,
partnerschaftliches Zusammenleben,
Führen mit Auftrag, kooperativer Führungsstil

Soldatenleitbild
Soldat im Einsatz, Staatsbürger in Uniform,
Spannungsverhältnis zivil-militärische Identität,
Gesellschaftliche Integrationsnorm

Abb. 6: Innere Führung nach der neuen ZDV 10/1

Zur neuen Einsatzwirklichkeit wird indessen auf indirekte Weise eine Verbindung hergestellt, indem in Ziffer 105 herausgestellt wird, was der militärische Dienst einschließt und verlangt, nämlich „den Einsatz der eigenen Gesundheit und des eigenen Lebens“ sowie „in letzter Konsequenz, im Kampf auch zu töten“. Auch „das Leben von Kameraden einzusetzen“ (Ziffer 505) zählt zu den gesondert genannten Verpflichtungen. Hierdurch geht die neue 10/1 deutlich über die von 1993 (BMVg 1993) hinaus, die im Rahmen der Grundpflichten des Soldaten davon spricht, dass die tapfere Verteidigungspflicht „im äußersten Fall den Einsatz seines Lebens ein[schließe]“.

Auf die nicht näher beschriebene Einsatzwirklichkeit wird auch noch unter den Stichworten „Belastungen, Entbehrungen und Gefahren“ eingegangen, die Vorgesetzte im Umgang mit ihren Untergebenen zur Sprache bringen sollen. Dazu führt die 10/1 unter Ziffer 609 aus: „Thema wie Verwundung und Tod, Umgang mit Angst oder Fragen nach Schuld und Versagen dürfen nicht verdrängt oder heruntergespielt werden, sondern müssen ehrlich und einfühlsam besprochen werden“.

So wichtig die Thematisierung der existentiellen Grenzsituation des Tötens und Getötet werden auch ist, berührt doch merkwürdig, wie sehr die neue ZDV suggeriert, dass sich nur auf diese Situation „hohe Anforderungen an die Persönlichkeit der Soldatinnen und Soldaten“ richten. Was dabei ausgeblendet wird ist, dass über das Kämpfen hinaus ganz andere Anforderungen von Einsatzsoldaten verlangt werden, wenn sie sich mit polizeilichen und eher zivilen Aufgaben wie dem Helfen, Schlichten und Vermitteln beschäftigen müssen. Die Vorschrift zieht daraus immerhin die Konsequenz, den Einsatzsoldaten eine besondere Förderung ihrer ethischen Kompetenz zukommen zu lassen. Hier wird in der Tat gegenüber der alten 10/1 ein neuer Schwerpunkt der „Intensivierung der ethischen Grundlagenvermittlung" gelegt, den der damalige für die Innere Führung zuständige Stabsabteilungsleiter I im Führungsstab der Streitkräfte, Brigadegeneral Robert Bergmann, so begründet (Bergmann 2008: 4): „Die Soldatinnen und Soldaten der Bundeswehr brauchen ein bestimmtes Berufsethos, also sittliche und moralische Grundsätze, die ihr Handeln bestimmen. Ansonsten ist eine einsatzbereite Armee auf der Basis der Werte und Normen unseres Grundgesetzes in letzter Konsequenz nicht zu haben. Soldaten müssen über eine stabile Wertebasis und über eine ausgeprägte moralische Urteilsfähigkeit verfügen" (ebd.: 5). Und weiter zur Klarstellung: „Einen Technokratismus können sich Soldatinnen und Soldaten nicht leisten. Zu existentiell und ethisch ist ihr Berufsstand, zu politisch sind die Auswirkungen ihres Handelns" (ebd.: 6).

Die Vorschrift setzt diesen Gedanken mit Blick auf die Rollenanspruchsvielfalt von Einsatzsoldaten um. Für sie müssen Soldatinnen und Soldaten „auch in extremen Situationen in kürzester Zeit unterschiedlichen Rollen gerecht werden", was von ihnen „ausgeprägte ethische Kompetenz" verlange. Sie fuße auf einem „soldatischen Wertekanon", zu den neben den klassischen soldatischen Tugenden auch noch Werte wie „tolerant und aufgeschlossen gegenüber anderen Kulturen und moralisch urteilsfähig" zu sein, hinzugefügt werden (Ziffer 507). Hierin erschließt sich eine weitere neue Akzentsetzung der ZDV 10/1 von 2008. Denn sie verlangt von den Soldaten im Einsatz „umfassende interkulturelle Kompetenz", um „das Bewusstsein für die religiösen und kulturellen Besonderheiten in den jeweiligen Einsatzgebieten" zu schärfen (Ziffer 8). In den Dienst wird hierfür die politische Bildung genommen, die mit Blick auf den „Dienst im multinationalen Umfeld" und auf die kulturellen Besonderheiten des Einsatzlandes, Kenntnisse über Politik, Kultur, Land und Leute in den Einsatzgebieten" vermitteln soll, um die Soldatinnen und Soldaten zum angemessenen „Umgang mit Menschen unterschiedlicher Herkunft" zu befähigen (Ziffer 634).

Wo sich jedoch die neue Vorschrift gegenüber dem hergebrachten Denken keinen Jota bewegt, ist beim Leitbild des Staatsbürgers in Uniform (Vorbemerkung Nr. 2). Sie hält an der Trias vom freien Menschen, gutem Staatsbürger und vollwertigen Soldaten in der Form fest, wie sie von Baudissin bereits Anfang der 1950er-Jahre entwickelt wurde (von Rosen 2009: 21 ff). Dies wirft schon eine Menge Fragen auf, weil angesichts von Auslandseinsätzen weltweiter Reichweite und dem Auslaufen der Landesverteidigung mit dem geborenen Vaterlandsverteidiger kein Staat mehr zu machen ist. Die Staatsbürgermoral, aus der der Vaterlandsverteidiger seinen inneren Antrieb und sein Selbstverständnis bezog, lässt sich schwerlich als sprudelnde Motivationsquelle auf Soldaten im Einsatz übertragen. Insofern hat sich das Festhalten am inhaltlich unveränderten Leitbild des Staatsbürgers in Uniform zurecht dem Vorwurf zu stellen, „zu einer Art Neoorthodoxie der Gutgesinnten“ zu werden (Naumann 2009: 78). Seitdem mit der Verstaatlichung der alten „Armee im Volk“ und deren Instrumentalisierung für außenpolitische Interessen der Bundesrepublik die Schicksalsgemeinschaft von Armee und Volk aufgekündigt ist, bedarf der Staatsbürger in Uniform dringend eines neuen Sinngehalts und einer glaubwürdigen normativ-ideellen Begründung.

Dies alles umschifft die neue ZDV 10/1, wobei sie vom Blick her die durch die Einsatzarmee sicherlich nicht hinfällig gewordene Integrationsnorm von Bundeswehr und Gesellschaft herauskehrt. Sie erklärt die Angehörigen der Bundeswehr zum „Teil der Gesellschaft mit ihrer Vielfalt, aber auch mit ihren Interessengegensätzen und Konflikten“ (Ziffer 313). Und daraus wird die Forderung abgeleitet, „dass die Angehörigen der Bundeswehr einander als Mitglieder einer freiheitlichen und pluralistischen Gesellschaft anerkennen und sich mit den gesellschaftlichen Entwicklungen auseinandersetzen“ (ebd.).

Den in den letzten Jahren eingetretenen Veränderungen Rechnung tragend, geht die neue 10/1 über die Vorgängerversion dort deutlich hinaus, wo sie die Vereinbarkeit von Familie und Dienst, Seelsorge und Religionsausübung und die sanitätsärztliche Versorgung als Gestaltungsfelder der Inneren Führung neu in die Vorschrift aufnimmt.

Insgesamt schließt die neue ZDV 10/1 nicht wirklich zu den nach Sinn und Begründung verlangenden Aufgaben und Einsatzbedingungen der Soldaten im Einsatz auf, sondern begnügt sich in unzureichender Form damit, Legitimation und Akzeptanz von Einsätzen unter den Bedingungen des Tötens und Sterbens zu beschaffen. Sie verhält sich gegenüber den neu aufgeworfenen Fragen der Einsatzwirklichkeit bequem, weiß sich aber im Einklang mit der politischen Vorgabe des Weißbuches, in dem es heißt, dass sich die Innere Führung im Einsatz bewährt habe. Auf diese Weise der substantiellen Anpassung an die neue Einsatzwirklichkeit enthoben, kann von der neuen Vorschrift nichts Besseres erwartet werden.

8 Geistige Denkschulen in der Bundeswehr

Innere Führung repräsentiert sich einmal in dem, was offiziell in der ZDV 10/1 niedergeschrieben wurde und durch Äußerungen bzw. Verlautbarungen des Verteidigungsministers, des Generalinspekteurs oder nachgeordneter Stellen, die auftragsgemäß mit diesem Zweig der Ausgestaltung des inneren Gefüges der Bundeswehr befasst sind, seine autoritative Auslegung erfährt.

Und daneben gibt es die gelebte Innere Führung, die faktisch orientierungsrelevante Organisationskultur der Bundeswehr, die durch Vorgesetzte, durch Kameraden in Prozessen der Interaktion und wechselseitigen Beeinflussung Bewusstsein, Denken, Fühlen und Handeln der Angehörigen der Bundeswehr auf verschiedenen Dienstgrad- und Teilstreitkraftebenen bestimmt. Für letzteres hält die Organisationswissenschaft den Begriff der gelebten Organisationskultur (Wiesendahl 2005: 26 f) bereit.

Wie andere Organisationen auch bilden Streitkräfte organisationskulturell um ihrer kollektiven Identitätsbildung und ihres Zusammenhalts halber einen Orientierungsrahmen aus, der mit Vorstellungen und Bildern über ihren Auftrag und Zweck, über ihr Einsatzspektrum, den Einsatz bzw. Krieg und die dafür erforderlichen Anforderungen und Voraussetzungen ausgefüllt ist. Hinzu treten Mythen, Helden und Legenden, Zugehörigkeitsrituale, die dem Esprit de Corps und Berufsstolz sowie der Abgrenzung gegenüber anderen staatlichen und privaten Institutionen dienen.

Wegen des innermilitärischen Facettenreichtums von Orientierungen und Denkweisen wird militärsoziologisch auch von Subkulturen (Wiesendahl 1980; Hagen/Tomforde 2004) gesprochen, die unter den prägewirksamen Bedingungen von Einsatzverhältnissen eine spezifische Ausprägungsform als Einsatzkultur annehmen können (Tomforde 2008). Die durch die „Subkultur Einsatz" bewirkte Sozialisation kann sogar die erste Bundeswehrsozialisation überlagern (Tomforde 2010: 206 ff). Gerade der militärische Einsatzalltag wirkt, wie Anja Seiffert (2004: 160) betont, wie eine „Sozialisationsinstanz". Von ihr gehen Sozialisationseffekte aus, die bei Einsatzsoldaten zur Dominanzsteigerung rein militärischer Werte führen können, die nicht mehr im „gesamtgesellschaftlichen Bezugssystem verortet sind." (Seiffert 2005: 230) Zugleich sind für Seiffert im Hinblick auf das zivil-militärische Verhältnis desintegrative Entwicklungen nicht auszuschließen, zumal sich eine Auseinanderentwicklung „militärischer und ziviler Sinn- und Wertewelten" abzeichnen würde.

Dass geltungsheischende organisationskulturelle Leitvorstellungen nicht zwingend über einen Prozess der Verinnerlichung Denken, Fühlen und Handeln des Soldaten prägen, liegt auch daran, dass sich das berufliche Selbstverständnis aus einem erklecklichen Teil eigenbestimmter Aneignung von Werten und Normen sowie der interaktiven Auseinandersetzung mit seinem Tätigkeitsumfeld herausbildet (Leonhard 2007: 16 ff). Auf jeden Fall verweist die Unterscheidung von offizieller und gelebter militärischer Organisationskultur darauf, dass das, was für Innere Führung gehalten und gelebt wird, nicht mit dem übereinstimmen muss, was von der Inneren Führung als geistigem Überbau für die Bundeswehr gewollt ist.

Innere Führung als Leitkultur der Bundeswehr stößt auch deshalb an Verbindlichkeitsgrenzen, weil, so belegen jedenfalls Untersuchungen aus der Privatwirtschaft, es Führungspersonal am vorbildlichen Vorleben der Werte und Normen der Leitkultur vermissen lässt, so dass untere Chargen sich nicht gemüßigt fühlen, die Maßstäbe selbst als vorbildlich zu akzeptieren. Schließlich ist der Leitkultur Innere Führung auch deshalb Bindewirksamkeit gegenüber der gelebten Organisationskultur abzusprechen, weil im Unklaren gehalten wird, was mit der Inneren Führung genau gemeint ist. Dies ist in der neuen ZDV 10/1 erneut angelegt, die einerseits von Innerer Führung als geistiger und sittlicher Grundlage der Streitkräfte spricht, und sie andererseits, im Untertitel dieser Gesamtkonzeption, auf eine Führungskultur zurechtstutzt. Die Betonung auf „Führungsphilosophie und Führungskultur der Bundeswehr" sowie auf eine „militärische Führungskonzeption" wird auch vom damals für die Neufassung der ZDV 10/1 zuständigen Stabsabteilungsleiter im Führungsstab der Streitkräfte, Brigadegeneral Robert Bergmann (2007: 20ff, 2008: 2), unterstrichen.

Die vom Anfang in das Konzept der Inneren Führung eingebaute inhaltliche Unbestimmtheit interpretiert Rudolf Hamann (2000: 62 ff) als gewollte Beliebigkeit. Die gewollte Vagheit und das Amorphe der Leitkultur führen nach Groß (2008: 8) dazu, dass „das Verständnis von Innerer Führung in der Bundeswehr durchaus beliebig und auch völliges Unverständnis keine Seltenheit" ist. Hierin ist eine wesentliche Ursache dafür zu sehen, dass die Konzeption inhaltliche Auslegungsspielräume zulässt (Wiesendahl 2007: 20 ff), die speziell von Gegnern der Inneren Führung weidlich genutzt wurden und werden.

Während sich infolgedessen in den frühen Jahren der alten Bundeswehr hieraus eine tiefgreifende Kontroverse zwischen sogenannten Reformern und Traditionalisten entspann (Bredow 2000: 115 ff, Bald 2008), bahnt sich jetzt, mit der Umwandlung der Bundeswehr zur Einsatzarmee, eine neue Auseinandersetzung an. Zwar lassen sich immer noch, festmachbar an einzelnen Personen und Geschehnissen, „Kontinuitätslinien des Traditionalismus" in der Bundeswehr feststellen (Bald 2007). Dagegen sind aber die heutigen Rahmenbedingungen dermaßen neu, dass nicht von einer Wiederauflage der alten Reformer-Traditionalisten-Debatte gesprochen werden kann. Was die heutige Auseinandersetzung prägt, ist der Wandel der Bundeswehr zur Einsatzarmee unter den Konsequenzen, die sich daraus für das Bild vom Einsatz, für das Selbstverständnis der Armee und für das Leitbild des Einsatzsoldaten ergeben. So wie damals geht es auch heute um die Selbstwahrnehmung der Streitkräfte, ihren Wesenskern, ihrem Auftrag und ihrem Verhältnis zur Gesellschaft. Des Weiteren geht es aber auch um das Bild vom Soldaten, seinem Aufgabenprofil und seinem Selbstverständnis.

Ging es damals noch um die Tradition und damit um das Verhältnis zur Wehrmacht und zum Soldatentum schlechthin, hat diese Kontroverse für den heutigen Richtungsstreit an Stellenwert verloren. Dafür hat den neuen Rahmenbedingungen gehorchend die Frage nach der Einsatzwirklichkeit und wie sich die Bundeswehr als Einsatzarmee darauf einstellen soll eine Schlüsselstellung in der Debatte eingenommen.

Für die heutige Vorschriftenlage und die offiziellen Erklärungen zur Inneren Führung bedeutet dies, formal allseits Respekt gezollt zu bekommen, während hiervon losgelöst eigenwillige Umdeutungen vorgenommen und selbsttätig Sinnschöpfungen erzeugt werden, die mit dem offiziellen Erzählfaden der Inneren Führung nur noch entfernt etwas zu tun haben. Allerdings wird der neu sich anbahnende Richtungsstreit um die geistige Ausrichtung der Bundeswehr nicht offen ausgetragen, genauso wenig wie die akademischen Beobachter als Experten für Innere Führung der sich auseinander entwickelten Geisteshaltung in der Bundeswehr bereits mit professionellem Spürsinn auf der Spur wären.

Ganz anders findet sich im Anglo-amerikanischen eine hoch entwickelte Literatur, die der Geisteshaltung des Offizierkorps der amerikanischen Armee nachspürt. So erfasst Linn (2007: 5 ff) in den US-Streitkräften drei bis zu deren Anfänge zurückreichende Denktraditionen, die sich, ausgehend vom Wesen und Gesicht des Krieges, auf fundamentale Art und Weise unterscheiden. Die eine philosophische Richtung wird für ihn durch „Guardians" als dem vorherrschenden militärwissenschaftlichen Paradigma des 19. Jahrhunderts repräsentiert. „Guardians" sehen den Krieg wissenschaftlich durch allgemeingültige Gesetze und Prinzipien bestimmt, deren präzise Beachtung und Anwendung erfolgreiche Kriegsführung ermögliche. Im harten Kontrast hierzu stehe die Denkschule der „Heroes", die vom menschlichen Wesen aus ihr Bild des Krieges entwerfen würde. Aus dieser Sicht bestimmt sich „warfare by personal intangibles such als military. Heroes reduce war to its simplest tems – as armed violence directed toward the achievement of on end" (Linn 2007: 6).

Eine dritte Gruppe mit eigenständiger Denktradition erblickt Linn in den „Managers", die sich um das Bild vom Kriege als „modern warfare" versammeln würden. Für sie bildeten Streitkräfte ein Element des Machtaufstiegs von Staaten, wobei kriegerische Auseinandersetzungen den Einbezug aller Ressourcen einer Nation erforderlich machen würden. Dementsprechend verlange der große Massenkrieg nach einer Massenarmee mit wirksamster Bewaffnung, trainiert in weiträumiger Operationsführung und geführt von bestens ausgebildeten Professionals. Wie Linn (2007: 7) einwendet, sei das Denken der „Manager" offenkundig auf große strategische Kriegsführung fixiert, während ihnen das Gespür für kleinere Gewaltkonflikte, für „post conflict operations" und für „unconventional missions" abginge.

Für „Manager" erschöpfe sich Krieg in einem Planungs- und Organisationsproblem, um ihn effektiv zu führen. Träten im Einsatzfall nicht die erhofften Wirkungen ein, antworteten „Manager hierauf mit Reorganisation und neuen Strukturen. Dabei stießen sie sich an dem verengten Technizismus der „Guardians" und dem Romantizismus der „Heroes". Dies behindere den „scientific approach to warfare" (ebd.: 23), um Kriege vorhersehbarer und berechenbarer zu machen. „Heroes" dagegen rieben sich an einer in ihren Augen durch Regelung und Bürokratismus lahmgelegten Armee, in der als seelenlosen Unternehmen „warriors are subordinated to technicians as careerists" (ebd.: 8). Sie selbst seien aber, so Linn, in ihrem Denken in einem Fundamentalismus und antiintellektuellen Reduktionismus verfangen, der sich in solchen Slogans wie „war means fighting and fighting means killing" oder „the Army's job is to kill people and break things" manifestiere (ebd.: 9).

Es wäre der Mühe wert, die von Linn für die US-Army und ihre Denktraditionen entwickelte Unterscheidung von „Guardians", „Warriors" und „Managers" auch auf die deutsche Militärgeschichte zu übertragen, wobei sicherlich noch nach Denktraditionen in Heer, Marine und Luftwaffe unterschieden werden müsste. Hier geht es aber allein um die geistige Gärungssituation in der Bundeswehr, mit der sie ihre Transformation zur Einsatzarmee verarbeitet.

Hilfreich ist es deshalb, für den begrenzten Zweck auf eine dichotome Unterscheidung von Lovell (1979) zurückzugreifen, die er mit Blick auf den Geist, der im US-amerikanischen Militärakademien vorherrsche, vorgenommen hat. Er spricht dabei von zwei unterschiedlichen Denkansätzen traditioneller und moderner Offizierausbildung, Athen und Sparta genannt, die wichtige Elemente zweier akademischer Subkulturen in den amerikanischen Militärakademien repräsentieren würden (von Lovell 1979: 16). Im Mittelpunkt von Athen stehen für ihn akademisch-wissenschaftliche Lehrinhalte und Ausbildungsgänge. Dagegen fokussiere sich Sparta auf das Militärhandwerk und die soldatische Erziehung, so dass Offizierausbildung um „virtues of intermicy, cohesion, and camaraderie“ kreisen sollte (ebd.: 275).

Karl W. Haltiner (2003: 36) greift mit Blick auf europäische Offizierausbildungsstätten die Unterscheidung auf und sieht Sparta idealtypisch auf das „Militärhandwerk“ zugeschnitten. Dagegen stehe Athen in Beziehung zu einem breiten „Spektrum akademisch fundierter intellektueller Befähigungen im Dienste eines Offizierrollenbildes, das Fähigkeit in Wissenschaft, Politik und Diplomatie im weitesten Sinne einschließt“.

Hier wird an die Begrifflichkeit Athen und Sparta angeknüpft, aber in einen erweiterten Untersuchungskontext eingebettet. Im Folgenden werden mit Athen und Sparta zwei mit dem geistigen Überbau der Bundeswehr befasste Denkrichtungen identifiziert, die weit über die Offiziersausbildung hinaus um die geistige Ausrichtung und Identität der Bundeswehr als Einsatzarmee kreisen. Denn Denkschulen liefern als Orientierungsrahmen eine Vorlage dafür, wie Dinge gesehen und eingeordnet werden und sich zu einem charakteristischen Bild von Einsatz, von Armee und von Soldaten verdichten. Es geht dabei wie bei der offiziellen Konzeption der Inneren Führung um ein geistiges Überbaukonzept, mit dem auf Denken, Fühlen und Handeln von Soldatinnen und Soldaten der Bundeswehr eingewirkt wird. Von Denkrichtungen zu sprechen ist deshalb angebracht, weil es mehr oder minder eng verbunden um Ansichten, Überzeugungen und Leitvorstellungen geht, die sich mit den Komponenten einer Organisationskultur für die Bundeswehr decken. Insofern sollen auch die den beiden Denkrichtungen zugrundeliegende Unternehmensphilosophie, Führungskultur und das Selbstverständnis vom Soldaten herausgearbeitet werden.

Denkschulen generieren und verbreiten kollektiv geteilte Ansichten und Überzeugungen, die in zusammenhängender Form ein bestimmtes Bild von Bundeswehr, ihrer Einsatzrealität, ihrer Aufgabe und Funktion, ihrer politischen Rolle, ihrem Verhältnis zur Gesellschaft, ihrem soldatischen Binnenleben und dem Selbstverständnis des Soldaten darbieten.

Sichtbar soll gemacht werden, wie unterschiedlich die Denkschulen Athen und Sparta Aufgaben interpretieren und Einsatzverhältnisse und Herausforderungen in derart voneinander abweichendes Licht tauchen, dass die Einsatzarmee Bundeswehr hieraus ein je spezifisches identitätsstiftendes Selbstverständnis erfährt. Vor allen Dingen enden die Auffassungsdifferenzen darüber, was Einsatzwirklichkeit meint, in abweichenden Schlussfolgerungen, die sich für Geist und Selbstverständnis der Armee und ihrer Einsatzsoldaten ergeben.

8.1 Die Denkschule Athen

Athen steht als Inbegriff für ein demokratisch legitimiertes, weltoffenes, republikanisch gesonnenes bürgerschaftliches Gemeinwesen. Historisch bildete Athen eine republikanische Polis mit Bürgersoldaten und auf Zeit gewählten Heerführern bzw. Strategen.

Mit Blick auf Athen steht das Politische im Mittelpunkt der Herleitung allen Militärischen und des Selbstverständnisses des Soldaten. Infolgedessen setzt die Unternehmensphilosophie der Bundeswehr bei dem grundlegend gewandelten sicherheitspolitischen Rahmen an, aus dem sich die erweiterte Funktionsbestimmung der Bundeswehr als Einsatzarmee herleitet. Es geht dabei, wie aufgezeigt wurde, nicht mehr um den klassischen zwischenstaatlichen Krieg, sondern um Einsätze, die in erster Linie der Krisenintervention zum Zweck der Krisenvorsorge dienen, der Konfliktbewältigung und der Krisennachsorge. Das Militär ist dabei ein multifunktionaler Garant für Sicherheit und Stabilität bei weltweiten Krisen, die von ihrem Konfliktpotential die internationale Sicherheit und die Wahrung des Wohlstands der westlichen Staatengemeinschaft bedrohen können.

Militär kann dabei mit seinen begrenzten Mitteln und Fähigkeiten nur am Entstehungsort von Krisen Gewalt eindämmen und beenden sowie den Wiederausbruch von kollektiver Gewalt verhindern. Um die dauerhafte Befriedung eines durch Gewalt zerrütteten Landes und den wirtschaftlichen und politischen Wiederaufbau zu bewirken, sind politische und zivile Organisationen gefragt, die „state building“ – und „peace building“-Aufgaben übernehmen. Denn Militär stellt mit der Androhung und Anwendung von Waffengewalt ein erforderliches Maß an Gewaltfreiheit her. Es laboriert dabei aber nur an den Symptomen herum, während es selbst keinen Schlüssel besitzt, um Konflikte und Krisen dauerhaft lösen zu können.

Nach dem Konzept der vernetzten Sicherheit sind Militär und nichtmilitärische Akteure ressortübergreifend auf Zusammenarbeit angewiesen, um Kriseninterventionen zum Erfolg zu führen. Ohne die militärische Sicherheitsleistung und die Gewährleistung eines gewaltfreien Schutzraums für die Bevölkerung geht es nicht. Nur steht das Militär mit politischen und zivilgesellschaftlichen Einsatzkräften in einer Verantwortungspartnerschaft, die die politische und zivile Inhaftnahme der Einsatzarmee Bundeswehr für eine politische Sache hervorkehrt. Wie für alle anderen Akteure auch geht es Einsatzstreitkräften nicht darum, im Krieg zu obsiegen, sondern einen Beitrag zum Gewinn des Friedens zu leisten (Daase 2008: 250). Nur so lassen sich militärisch herbeigeführte Sicherheitsleistungen in dauerhafte politische Erfolge ummünzen.

Einsatzszenario der Bw
Militärische Krisenintervention jenseits von Krieg
„military operations other than war“ (MOOTW)

Funktion des Militärs
Multifunktionaler Garant für Sicherheit und Stabilität bei Krisenvorsorge, Konfliktbewältigung und Krisennachsorge,
Multinationale vernetzte Sicherheitspartnerschaft: „comprehensive approach“

Soldatenbild
Verantwortungsträger für Sicherheit: „Miles protector“, Kämpfer, Schützer, humanitärer u. techn. Aufbauhelfer, Unterstützer, Retter, Vermittler und Diplomat, „Staatsbürger in Uniform“

Führungskultur und soldatisches Zusammenleben
Führen mit Auftrag. Achtung der Würde des Menschen. Überzeugen, Beteiligen und Mitnehmen der Untergebenen.
Gefahrengemeinschaft: Kameradschaft, Solidarität u. Loyalität

Verhältnis zu Staat und Gesellschaft
Primat der Politik und des Zivilen, Identifikation mit Werten des Grundgesetzes, Offenheit gegenüber pluralistischer Zivilgesellschaft, Integration auf Gegenseitigkeit

Abb. 7: Innere Führung nach der Denkschule Athen

Für die Rolle und das Selbstverständnis der Soldatinnen und Soldaten der Einsatzarmee Bundeswehr hat der Funktionswandel des Militärs angesichts des sicherheitspolitischen Paradigmenwechsel von der Verteidigung hin zur Krisenbewältigung weitreichende Folgen. So leitet sich für sie hieraus zuallererst eine Erweiterung ihres Rollen-Sets ab, was mit erhöhten Ansprüchen an die Fähigkeiten und Fertigkeiten des Soldaten einhergeht.

Die Bandbreite seiner wahrzunehmenden Aufgabenstellungen „reicht“, wie der Parlamentarische Staatssekretär im Verteidigungsministerium, Christian Schmidt erklärt (2008: 13), „vom soldatischen Profil des Menschenführers, des Stabsarbeiters, des Spezialisten und des Kämpfers, über das neu dazukommende Spektrum des Retters, Helfers, Beobachters, Beschützer und Bewahrers bis hin zum vermittelnden Einsatz als Schlichter und „Diplomat“, häufig auch in einem multinationalen Umfeld“. Auf das Selbstverständnis des Soldaten selbst lassen sich den von hier beschriebenen „job-enlargement“ noch keine unmittelbaren Rückschlüsse ziehen. Sie stellen sich erst mit der „Frage nach der geistigen Verankerung des Offiziers. Es bleibt das Zurückgeworfensein auf die eigenen Kognitiven und empathiegeleiteten Fähigkeiten. Es bleibt die Frage nach dem Wofür?“ (Birk 2008: 67).

Nun weist das erweiterte Aufgabenprofil auf Kenntnisse, Fähigkeiten und Fertigkeiten hin, die weit über das hergebrachte Militärhandwerkliche hinausreichen. So muss sich gerade der Offizier im Einsatz der politischen Essenz seines Berufes bewusst sein und sie zur Richtschnur seines Denkens und Handelns machen. Denn, wie Birk (2007: 68) betont, „braucht Ressort übergreifende, vernetzte Sicherheitspolitik [...] auch Ressort übergreifende und vernetzt denkende und handelnde Offiziere". Dies beginnt mit der Fähigkeit, in Zusammenhängen denken zu können. Für Anhänger der Athener Denkschule ist es deshalb zwingend, „dass nur der gebildete Offizier in der Lage ist, die Folgen seines Handelns zu überblicken und somit seinem Auftrag gerecht zu werden" (Kollmer 2004: 21). Dies deckt sich mit der Feststellung von Bundespräsident Horst Köhler zum 50-jährigen Bestehen der Führungsakademie am 14. September 2007, dass „militärische Führungskunst [...] mehr voraus[setzt] als grundsolides militärisches Handwerk: Sie verlangt eine möglichst breite Bildung und wissenschaftliche Schulung".

Bis zum Selbstverständnis und zur Identität des Soldaten im Einsatz dringen diese Aussagen zur Ausbildung und Bildung des Offiziers noch nicht durch, zumal es ihm hierfür gelingen müsste, dem was er tut und ihm an Aufgaben abverlangt wird, einen höheren Sinn abzugewinnen. Als Athener ist der Offizier aus tiefster Überzeugung deshalb Soldat, weil er mit seiner Aufgabe für Menschenwürde, Freiheit, Gerechtigkeit, Gleichheit, Solidarität und Demokratie eintritt - alles Grundwerte und Leitbilder, auf deren Einhaltung und Verwirklichung das politische Gemeinwesen der Bundesrepublik Deutschland verpflichtet ist (Schmidt 2008: 13). Hieraus bezieht der Offizier die Gewissheit, mit seinem Handeln etwas zutiefst sittlich Gutes, ethisch-moralisch Gerechtfertigtes und politisch Notwendiges zu tun.

Dies ist der politisch-moralische Kern des Offiziers als Athener. Von seiner politischen Bestimmung her wird er vom Landesverteidiger zum „militärischen Ordnungshüter" (Haltiner 2006). Er ist er Treuhänder der politischen Gemeinschaft, um Menschen vor den Einwirkungen kollektiver Gewalt zu schützen. Er ist Garant und Verantwortungsträger für Sicherheit und Stabilität, die ein friedliches Zusammenleben von Völkern und Menschen ermöglichen. Als „professional" wird der Offizier zum militärischen Hüter und Wiederhersteller von Ordnung und Sicherheit, wo immer sie durch zerstörte Staatlichkeit, Bürgerkriege, Völkermord und humanitäre Katastrophen bedroht werden.

Sich diesem Anspruch zu stellen, verlangt ein hohes Maß an Bildung und Reflektiertheit, politische Urteilskraft, geistige Orientierungssicherheit, vorurteilfreies interkulturelles Einfühlungsvermögen und ein festes ethisches Fundament und des ihm anvertrauten Personals an Entscheidungssituationen herangeführt wird, die ihn zum moralisch Schulden machen zwingen. Die ethische Bindung und Gewissenhaftigkeit der Professionalität findet im Eintreten für Menschenwürde, Freiheit, Gerechtigkeit, Gleichheit und Solidarität auch und gerade im Einsatz ihren Ausdruck. Achtung von Recht und Gesetz unterstreicht dies.

Die Verantwortlichkeit des Offiziers für Staat und Gesellschaft drückt sich darin aus, jederzeit verantwortungsethisch die Folgen seines Handels hinsichtlich zu wahrender Grundwerte und dem Schutz ihm unterstellter Menschen zu überblicken, um der Treuhänderaufgabe gerecht zu werden. Politische Verantwortlichkeit aufgetragen zu bekommen, heißt, dass besonnenes militärisches Handeln, aber auch Fehlhandeln über den Erfolg internationaler Einsätze mit ihren Rückwirkungen auf die Staatsgemeinschaft und das eigene Land entscheiden.

Im Dienst für Sicherheit und kollektive Gewaltfreiheit stehend, versteht sich der Offizier weit über die klassische Rolle des Kämpfers hinausreichend als „security enabler“, als Schützer, Retter, Helfer und Vermittler. Dies wird auch durch das Weißbuch 2006 und die neugefasste ZDV 10/1 „Innere Führung“ unterstrichen. Vom Anforderungsprofil des Offiziers ist hiermit eine soziale, kulturelle, polizeiliche und diplomatische Kompetenzerweiterung verbunden.

Mit dem „job enlargement“ des Offiziers wird „expertise in violence“ um zivile Eigenschaften und Anforderungen angereichert, die vom technischen Aufbauhelfer, dem Sozialarbeiter, den Polizisten und Diplomaten verlangt werden. Der Offizier des 21. Jahrhunderts verfügt über eine gewaltbereite – kämpferische und zugleich zivil-friedliche Seite, die in ihrer Spannung ausgehalten und glaubwürdig repräsentiert sein will.

Vor diesem Hintergrund führt der ehemalige Schweizer General Gustav Däniker für den neuen Einsatzsoldaten das Leitbild des „miles protector“ ein, der für ihn die logische Konsequenz aus der neuen Einsatzrealität von Streitkräften bildet: „Die Mission des Soldaten des 21. Jahrhundert heißt: Schützen, Helfen, Retten! Sein Leitbild ist sein immer gezielterer und wirksamerer Beitrag an die Friedenswahrung oder Friedenswiederherstellung sowie an die Sicherung eines lebenswerten Daseins der Völker“ (Däniker 1992: 170 f). Von diesem veränderten Aufgabenprofil her ist für Däniker ein Leitbildwandel des Soldaten unumgänglich: „Krieger, Kämpfer und reine Techniker des Schlachtfeldes sind zunehmend weniger gefragt als ein neuer Soldatentyp, den man als „Miles protector“ bezeichnen kann, als denjenigen nämlich, der durch seinen Einsatz Schutz gewährt, aber mit derselben Energie und Kompetenz, mit der er Kampfaufgaben meistert, auch zur Hilfe und Rettung fähig ist“ (ebd.: 185). Kein geringerer als der damalige Generalinspekteur der Bundeswehr, Wolfgang Schneiderhan, macht sich dieses Leitbild, in krasser Abgrenzung zum „archaischen Kämpfertyp, zu eigen“ (Däniker 2007: 24).

Allein mit Rückgriff auf klassische soldatische Tugenden wie Tapferkeit und Disziplin ist dieses neue Leitbild mit seinem multiplen Anforderungsprofil nicht abzudecken. Ausgerichtet auf das Leitbild Athen hat der Offizier neben dem klassischen Militärhandwerk auch Kenntnisse und Fähigkeiten auf dem Gebiet der Wissenschaften, der Politik und Diplomatie aufzuweisen. Und dafür braucht er Einfühlungsvermögen und Empathie, diplomatisches

Fingerspitzengefühl, Offenheit und Toleranz, Kommunikations- und Kontaktfreude, interkulturelle Kompetenz, Ambiguitäts- und Frustrationstoleranz, Reflexions-, Kritik- und ausgeprägtes ganzheitliches Urteilsvermögen.

Die Athener Denkschule sieht überdies im Soldaten nicht nur den Diener und Verantwortungsträger der Polis, des Gemeinwesens. Als Staatsbürger ist er zugleich zivilgesellschaftlich vollwertiges Mitglied der Gemeinschaft. Ihn erfüllt Civitas, Staatsbürgertum; er steht damit für das Leitbild des politisch gebildeten, aktiven, politisch und gesellschaftlich integrierten, mündigen Soldaten (Seiffert 2005: 42). Deshalb verfügt er auch über ausgeprägtes Gespür und Reflektionsbewusstsein, um seine Rolle und sein Tun auf die demokratische Legitimation von Streitkräften und deren gesellschaftliche Integration rückbinden zu können (Haltiner/Kümmel 2008: 50f.)

Wie unschwer zu erkennen ist, handelt es sich bei dem Athener Leitbild des Treuhänders für Sicherheit, des „miles protector“, des „security enablers“, um ein anspruchsvolles verantwortungsethisches Konstrukt, welches herausstellt, dass „soldatisches Existenz und militärisches Handeln als moralisch und politisch zu verantwortendes Handeln“ (Seiffert 2005: 17) zu begreifen sind. Dies schließt im Denkansatz an den von Baudissin entwickelten „Staatsbürger in Uniform“ an, der aus seinem Dienstverständnis als „Staatbürger“ heraus sittlich fundierte politische Verantwortung für den Staat, für das Gemeinwesen, trage (von Rosen 2006: 176).

Dem Soldaten verlangt dies viel an selbstloser Inpflichtnahme, Idealismus und Hingabe, an Berufung ab, ohne dass ihm viel an materieller oder immaterieller Gegenleistung bzw. Bedürfnisbefriedigung geboten würde. Im Gegenteil geht der von ihm erwartete Altruismus so weit, für die Verwirklichung höchster Werte und die Sicherung von Frieden und Gewaltfreiheit sein Leben zu opfern. Dies umso mehr, weil es nicht mehr um den unmittelbaren Schutz von Heimat und Vaterland, gar die Unversehrtheit der eigenen Familie und des persönlichen Lebenskreises geht, sondern um Schutz vor Gewalt im Einsatz fern der Heimat. Die Crux dabei ist, dass die emotionalen Antriebsmomente soldatischer Existenz umso mehr verschwinden, je abstrakter der Soldat universalistisch zum „Weltfriedensordnungshüter“ und „Diener der Sicherheit und Freiheit der Völker“ (Jermer 2001: 50f) stilisiert wird. So ist der Einsatzsoldat nicht vor Sinnkrisen gefeit, zumal wenn die Einsatzrealität ihn in moralische Dilemmasituationen stürzt oder es an gesellschaftlicher Akzeptanz und an politischer Begründungsfähigkeit von Einsätzen mangelt.

Sein Beruf als Waffenträger bringt es obendrein mit sich, dass ihm die Zuneigung und Wertschätzung der Bevölkerung nicht besonders entgegenfliegt. Es können auch Spannungen zwischen zivilgesellschaftlichen und militärischen Werten und Normen entstehen. Der Einsatzsoldat versteht es aber aus Identifikation mit den demokratischen Grundwerten und der zivilen

Lebensweise, mit der Zivilwelt umzugehen und Spannungen zu verarbeiten. Er lebt Integration mit der pluralistisch-freiheitlichen Gesellschaft und macht sich die Integrationsnorm von Baudissin zu eigen, dass er „aus den gleichen geistigen und politischen Bezügen lebt wie die anderen Staatsbürger“ (von Rosen 2006: 179). Nur kann im Aufgehen in die Zivilgesellschaft nicht eine Einbahnstraße gesehen werden. Deshalb können der voll integrierten Armee und ihren Soldaten auch nicht gesellschaftlich Respekt und Akzeptanz vorenthalten werden (Wiesendahl 2008).

8.2 Die Denkschule Sparta

Sparta liefert das Sinnbild einer Kriegergesellschaft. Den historischen Wurzeln nach steht Sparta für eine auf sich selbst bezogene, umweltverschlossene Landmacht mit kultureller und politischer Zentralität des Militärischen. Dem spartanischen Ideal des Soldaten nach speist sich dessen Identität aus der Essenz des Kämpfers.

Für die Anhänger der Denkschule Sparta schafft die Transformation der Bundeswehr zur Einsatzarmee eine neue Wirklichkeit, die durch die Wiederkehr des Schießkriegs im Einsatz bestimmt wird. Zwar ist das aus den veränderten sicherheitspolitischen Rahmenbedingungen abgeleitete Einsatzspektrum der Bundeswehr, das von der Katastrophenhilfe über Stabilisierungseinsätze bis hin zur Bekämpfung von Piraterie und internationalen Terrorismus reicht, bekannt. Doch verengt sich das Einsatzszenario, das „full operation spectrum“, wie durch einen Tunnelblick auf die Vorbereitung und Durchführung des Gefechts. Einsatz reduziert sich auf durch Truppenverbände ausgetragene Kampfhandlungen in Form von Feuergefechten. Es geht nicht um die mögliche Einsatzwirklichkeit als Ganzes, sondern um das Gefecht, um Operationsführung im Kleinen. Daraufhin ist alles, was dem Militär von der Einsatzwirklichkeit her abverlangt wird, zugeschnitten.

Die „Fähigkeit zum Kampf“ stellt nach Generalleutnant Hans-Otto Budde, ehemals Inspekteur des Heeres der Bundeswehr, die „Klammer“ dar, „die das Heer [...] zusammenhält“ und die „die Voraussetzung zur Durchsetzung von Aufträgen in jedem Intensitätsspektrum“ bilden (Budde 2005: 113f). Die Rolle von Streitkräften, in welcher Einsatzlage auch immer, ist damit vorbestimmt: Ihr Wesen ist der Kampf und das ist der Kern militärischen Handeln. Sie sind für kriegerische Gewaltanwendung, für „coercive power“ bestimmt und zerschlagen durch Androhung und Anwendung militärischer Gewalt ihnen sich entgegenstellende bewaffnete feindliche staatliche und nichtstaatliche militärische Gegner.

Einsatzszenario der Bw
Schießkrieg, Gefecht, Kampf

Funktion des Militärs
Kriegsführung, „coercive power“: Androhung und Anwendung militärischer Gewalt

Soldatenbild
Warfighter, Kämpfer
Professionalität: Beherrscher des Militärhandwerks, „expert in violence“
Ausgeprägte Kampfmoral und Charakterfestigkeit
Verzicht auf Staatsbürger in Uniform

Führungskultur und soldatisches Zusammenleben
Soldatentum, Kameradschaft, Tradition, Korpsgeist, Härte und „männlicher“ Umgang

Verhältnis zu Staat und Gesellschaft
Unterordnung unter politischen Primat, Nebeneinander von Militär und Gesellschaft,
Gesellschaft ist zivilistisch-militärfern. Bringt der Bw zu wenig Achtung und Sympathie entgegen.
Integrationsnorm historisches Überbleibsel der alten Bundeswehr

Abb. 8: Innere Führung nach der Denkschule Sparta

Einsatz verwirklicht sich im Kampf. Und Kampf ist das Gefecht gegen einen Gegner, der durch Überlegenheit des Personals, der Ausrüstung und Waffen, der Moral und der militärischen Operationsführung niedergerungen wird. Einsätze stehen mehr oder minder für Krieg in all seinen Erscheinungsformen, und der bildet Angelegenheit und Bewährungssituationen für Streitkräfte. Dass Einsätze dem Konzept vernetzter Sicherheit unterliegen, findet dabei keine weitere Beachtung.

Von Vertretern der spartanischen Denkschule wird die neue Einsatzwirklichkeit aus tiefstem Herzen begrüßt. Hat doch das Militär zur Normalität zurückgefunden und kann so 40 Jahre abschreckenden Attentismus mit dem Frieden als Ernstfall von sich abschütteln. Jetzt ist es durch die Transformation der Bundeswehr zur Einsatzarmee zu dem ihm Wesensgemäßen und zu seiner eigentlichen Bestimmung zurückgekehrt - zum Krieg als Ernstfall. Bemerkenswert ist dabei, wie sehr Einsatz als Kampf emphatisch zum Ausgangs- und Endpunkt allen Strebens und Denkens wird, während der Schlüsselbegriff der neuen Einsatzwirklichkeit mit ihrem ganzen Facettenreichtum und differenzierten Herausforderungscharakter für das Gelingen von Einsätzen, auch und gerade „military operations other than war“, der Gedankenwelt der Spartaner verschlossen bleiben und als „black box“ behandelt werden.

Sie sind nicht bereit, sich offen und vorbehaltlos auf die neue Einsatzwirklichkeit einzulassen. Dies ist der maßgebliche Grund, warum Auslandseinsätze ausschließlich aus der Eigenlogik und der Gesetzmäßigkeit vom Einsatz militärischer Gewalt und von Kampfhandlungen erfasst werden, auf die hin Ausrüstung, Ausbildung und Erziehung, Geist und Moral der Einsatzsoldaten auszurichten sind. Den Dreh- und Angelpunkt bildet hierfür nach Trull (2007: 7 ff) die „Bewährung im Gefecht", zwischen der und der „Kriegstüchtigkeit" eine innere Einheit besteht.

Das soldatische Leitbild, das die entsprechenden Voraussetzungen erfüllt, ist das des Kämpfers. Es bleibt der „Prototyp des Soldaten [...], ungeachtet aller sonstigen Vielseitigkeit des Berufsbildes" (Mey 2002: 3). Sparta erblickt im Soldaten den „specialist on violence" (Harold D. Lasswell), der in seinem Denken, Fühlen und Handeln auf den Einsatz von Waffengewalt im Kampf ausgerichtet ist. Diesen Soldaten hat man sich grundsätzlich von seinem Wesenskern als Kämpfer, als „miles bellicus" vorzustellen. Er betreibt sein Kriegshandwerk im klassischen Verständnis mit dem klaren Ziel, einen Gegner als bewaffnetes Feindobjekt durch Waffeneinsatz physisch zu schädigen oder zu vernichten, „was in der Regel mit der organisierten Tötung anderer Menschen verbunden" ist (Apelt 2009: 147).

Der Miles bellicus verfügt über das handwerklich-professionelle, physische und psychische Format, um sich den Härten des Kriegshandwerks mit seiner existentiellen Grenzerfahrungssituation des Tötens und Getötet werden unter Einsatz von Feuerkraft stellen zu können. Deshalb sind für den bereits zitierten Inspekteur des Heeres, Budde (2005: 111), „Soldaten [...] eben keine bewaffneten Sozialhelfer und sind auch kein bewaffnetes THW!". Der Soldat dagegen bezieht seine ganze Identität, seine Sinnerfüllung und seinen ganzen professionellen Stolz aus der existentiellen Ausnahmesituation des Kampfes. Hierin erlebt er seine „Feuertaufe" und „berufliche Bewährung im Kriegseinsatz" (Zwicknagel 2007: 12). Und um alle inneren Hürden an Zivilität zu überwinden und sich der Todesangst zu stellen, sollte der Soldat, Generalleutnant Hans-Otto Budde folgend, der mythischen Figur des „archaischen Kämpfers" gleichen (Winkel 2004).

Der Kampf und die „geistig-moralische Auseinandersetzung mit dem Einsatz von Gewalt zur Durchsetzung des Auftrags" sind bei Budde (2008: 30) dermaßen absolut gesetzt, dass die pflichtschuldige Erwähnung weiterer Aufgaben des Soldaten wie Schützen, Vermitteln und Helfen dem Kämpfer wie etwas Wesenfremdes und nicht weiter zu Beachtendes beigefügt wird. Insofern ist der Miles protector für Spartaner Teil einer fremden, ihnen verschlossenen Welt, während sich ihr ganzes Denken am Miles bellicus festmacht.

Antrieb und geistig-moralischen Halt zur Überwindung von existentieller Gefahr für Leib und Leben und der Tötungshemmung findet der Kämpfer einerseits in seiner Befähigung als „expert on violence" und in seiner überlegenen Feuerkraft. Viel wichtiger als Leitplanke mutigen und aufopfernden Kämpfertums ist aber die innere Einstellung, der „Wille zum Kampf". Und dazu bedarf es für Trull (2007: 10) „einer geistigen Disposition, die den Kämpfer in den Mittelpunkt stellt". Die Grundlage hierfür liefert die „geistig-moralische Auseinandersetzung mit dem Einsatz von Gewalt zur Durchsetzung des Auftrages" (Budde 2008: 30). Und die vermittelt dem Soldaten eine „Werteorientierung" als „verlässlichen inneren ethischen Kompass", der „Verhaltenssicherheit" im Hinblick auf „[m]oralisch, ethisch und rechtlich korrektes Verhalten" verleiht. Es geht um ein moralisches Fundament des Kämpfens, das in „klassischen Soldatentugenden" (Budde 2008: 33) verwurzelt ist. Denn „[z]eitlose soldatische Werte und tugendhaftes Verhalten in unserer langen Militärgeschichte bilden Eckpfeiler unseres Selbstverständnisses." (Budde 2008: 31).

Um die richtige Grundeinstellung zum Kampf einzunehmen, werden aus spartanischer Sicht der Kampfmoral und Charakterfestigkeit, bewirkt durch Tapferkeit, Wagemut, Willenskraft und Härte, Disziplin und Kameradschaft, eine Schlüsselrolle beigemessen. Die Erziehung und moralische Aufrüstung des Soldaten zum Kämpfer spielen vor diesem Hintergrund eine wichtige Rolle. Hierzu gehören aber auch militärische Rituale, Jargon, „männlicher" Habitus, Traditionspflege, Korpsgeist und Betonung des Soldatentums, um Soldaten mit der Kämpfer- und Kriegerrolle zu identifizieren.

Nicht zu übersehen ist, dass das Staatsbürgerliche beim Miles bellicus als Sinnquelle und Antriebsfaktor für das Kriegerische und das Kämpfen keine Rolle spielt. Hinzuweisen ist auch darauf, dass die soldatischen Werte und Tugenden, die dem Miles bellicus Kampfeswillen verleihen sollen, mit der demokratischen und zivilgesellschaftlichen Einbettung der Einsatzarmee und der Einsatzsoldaten nichts zu tun haben. Sie weisen von ihrer Herkunft überzeitlich weit hinter die Genese von Demokratie und moderner Gesellschaft zurück und bilden gewissermaßen den Kern eines „ewigen", „professionellen Ethos" (Maringer 2008: 45).

Entspräche der Einsatzsoldat diesem Kämpferleitbild, mangelte es ihm an „sozialer und kultureller Empathie" und er würde es an Qualifikationen vermissen lassen, um der Anforderungsvielfalt im Einsatz gerecht werden zu können (Seiffert 2005: 232). Und mit seiner Mentalität müsste ihm die notwendige Sensibilität für den Vertrauensaufbau gegenüber der Bevölkerung des Einsatzlandes verschlossen bleiben (Tomforde 2009: 76 ff). Was jedoch am bedenklichsten stimmt, ist die Gefahr, dass sich der Miles bellicus dem elementaren Anspruch der Inneren Führung entzieht, nämlich „die Frage nach der Sinnhaftigkeit des Dienens zu beantworten, d. h. ethische, rechtliche, politische und gesellschaftliche Begründungen für soldatisches Handeln zu vermitteln und dabei den Sinn des militärischen Auftrags, insbesondere bei Auslandseinsätzen, einsichtig und verständlich zu machen" (ZDV 10/1, Ziffer 401).

Vor diesem Hintergrund ist in der durch Sparta betriebene Restauration des Kämpferleitbilds ein „Griff nach den vermeintlich immer gültigen Wahrheiten des Militärhandwerks“ zu sehen (Naumann 2009: 77). Dieses „Kämpfer“-Bild verspräche „zwar Trost“, bleibe „aber hoffnungslos unterkomplex angesichts des Aufgabenmixes“ heutiger Einsatzsoldaten (ebd.: 78).

Nicht von ungefähr erinnert das Kämpferleitbild der spartanischen Denkschule an den Prototyp des männlichen infanteristischen Soldaten. Geistige Querbezüge sind dabei stark zu den weit über Deutschland hinausreichenden „heroic traditions of fighting men“ (Janowitz 1960: 35) erkennbar. Wie Linn (2007: 8) betont, ist für „Heroes“ Krieg gleichzusetzen mit Kampf und Gefecht, wobei die Seite den Sieg davontragen würde, die mit ihren Soldaten und Kommandeuren Siegwillen an den Tag legten und diesen mit überlegener Courage, Stärke, Disziplin, körperlichem Können, Ehre usw. zur Geltung brächten. Allerdings hindert die stark belastete deutsche Militärtradition die Vertreter dieses Leitbilds in der Bundeswehr daran, offen so weit zu gehen, wie sie für Lovell (1979: 16) in amerikanischen Militärakademien vorzufinden sind. Danach sind „the Spartan ideals [...] those of the noble warrior, austerity, discipline, the comradeship of arms, devotion to the state, and above all, a commitment to heroic deeds and a love of glory”. Gleichwohl gibt es zwischen Anhängern Spartas in der US-Army und der Bundeswehr sicherlich den Konsens, dass es für Soldaten mehr auf Tugenden, Erziehung, Charakterprägung und Takt des Urteils ankommt als auf wissenschaftliche Bildung und professionelle Wissensvermittlung.

Bemerkenswerterweise wird von der spartanischen Denkschule die Frage nach dem höheren Sinn des Kämpfens mit dem Kämpfen als solchem beantwortet. Im Kämpfen findet der Kämpfer seine letztendliche Erfüllung. Der Kämpfer tritt nicht für höhere Werte ein, sondern identifiziert sich mit einem Kodex, mit dem er im Kämpfertum aufgeht. Er identifiziert sich mit einer Wertemoral, die ihn zur Selbstüberwindung und zum Standhalten den Härten des Kampfes gegenüber befähigen. die Tugenden sind rein funktional. Richten sie sich doch allein an der physischen und psychischen Extremsituation des Kampfes aus, bei der es der antrainierten Affektkontrolle und der Angstüberwindung bedarf, um zu töten und um Verwundung und Tod zu erleiden (Warburg 2008: 259 f). Dies korrespondiert mit dem grundsätzlichen Problem von Streitkräften, tödliche Gewaltanwendung als Kernbestandteil ihres Tuns in den Mittelpunkt zu stellen und zu kommunizieren (Eisele 2007: 99).

Zur höheren Sinngebung tragen die traditionellen soldatischen Werte und Tugenden allerdings nicht bei, sondern sie dienen zur moralisch gestützten Entfesselung des Kampfgeistes. Nur um zu kämpfen verengt sich aber soldatisches Handeln zum „puren Selbstzweck“ (Haltiner/Kümmel 2008: 49). Wird nämlich der Tod nicht als Opfer, als Hingabe an eine große Sache erbracht (Dörfler-Dierken 2006), banalisiert sich der Tod auf weggeworfenes, sinnloses Dahinscheiden. Erst das Wofür des Todes, also die Antwort auf die Frage wofür die Preisgabe des höchsten Guts des eigenen Lebens wert ist, erschließt diesen Opfersinn und vermag es zu rechtfertigen.

Hier aber hinterlässt das Kämpferleitbild ein Sinnvakuum. Es tut sich auf, weil, wie Seiffert (2005: 288 f) betont, die „Sinnbezüge des soldatischen Selbstverständnisses [...] vorrangig an der Möglichkeiten militärischer Verwendungen und weniger an den Folgen militärischen Handelns orientiert [werden]." Die Verfechter des Kämpferleitbilds stecken da in einem Dilemma. Ihnen ist die Rückkehr zu den vordemokratischen militärgesellschaftlichen Mythen der Wertelite, der Standesehre, von monarchischem Staat, von Volk, Rasse und Vaterland verbaut genauso wie der Heldentod auf dem Feld der Ehre. Für Dörfler-Dierken (2008: 82) fand nach 1945 „die Tradition der Glorifizierung des Soldatentodes als Opfer für Volk und Vaterland ihr Ende".

Dabei liefe die Kritik allerdings ins Leere zu behaupten, den Spartanern ginge es schier um enthemmte und verrohte militärische Gewaltanwendung. Auch geht es ihnen nicht um die ideologische Überhöhung, Mystifikation und Verherrlichung des Soldatischen schlechthin oder darum, aus dem Sterben und Töten irgendwie mystische Letzterfüllung soldatischer Existenz herauslesen zu wollen. Nur bedürfte in diesem Zusammenhang der von Generalleutnant Budde in die Welt gesetzte Begriff des „archaischen Kämpfers" noch der genaueren Erläuterung. Jedenfalls ist von jeglicher Mystifikation des Soldatischen keinerlei Abhilfe für die sinnlose Nichtigkeit des todesmutigen Kämpfers zu erwarten.

Auch für Heldentum, Ehre und Sonderstellung des Soldaten ist mit keinerlei politischem Rückhalt und schon gar nicht einen Resonanzboden in einer durch und durch zivilen und militärfernen (Nolte 2008) postheroischen Gesellschaft zu rechnen. Wird gleichwohl stärker aus der Bundeswehr auf das Kriegerleitbild gepocht, ist eine gefährliche Selbstisolation der Bundeswehr und eine desintegrative Entfremdung von einer ihr wohlgesonnenen gesellschaftlichen Umwelt zu erwarten.

Da bliebe, wie die Innere Führung es will, Einsatz und Hingabe für Frieden, Freiheit, Demokratie und zuallererst die Würde des Menschen. Diese zutiefst politischen Werte sind der Spartaner Denkschule aber zu suspekt und abstrakt, um in den überzeitlichen Tugendkatalog des Soldatentums aufgenommen zu werden. Es wird zudem beargwöhnt, dass militärische Anpassungs- und Unterordnungstugenden von individuellen Freiheits- und Selbstentfaltungstugenden untergraben werden könnten. Mit dem Leitbild des „Kriegers" wird nach Herberg-Rothe (2009: 36) der „Unterschied und die Distanz soldatischen Handelns gegenüber dem Selbstverständnis einer zivilen Gesellschaft betont, gleichzeitig ein eigener Ehrenkodex des warriors entwickelt". Er fußt auf Professionalität und eine „starke Wertgebundenheit", die sich aus dem Tun des Kämpfens herleitet und nicht aus dem Wertekanon der Gesellschaft. Zudem steigt mit der essentiellen Verkürzung des Soldaten auf das pure Kämpfertum die Tendenz, ihn als Beruf einen Sonderstatus und eine „Qualität sui generis" (Royl 2005: 10) beizumessen.

Aus alledem resultiert ein gestörtes Verhältnis der Denkschule Sparta gegenüber der Integration von Bundeswehr und Gesellschaft und der zivilen Verankerung des Soldaten als Staatsbürger in Uniform. Ursächlich hierfür ist ein düsteres, kulturkritisches Gesellschaftsbild, das durch „Individualisierung" und „Spaßgesellschaft" durchwirkt ist (Budde 2008: 29). Dem Offizieranwärter ist sogar seine Zivilität abzugewöhnen, zumal er sie erworben hat in einer „Spaßgesellschaft, die nicht mehr richtig ernst nimmt, die sich fusselig „talkt" und quatscht, in der Ansprüche und Egoismen cleverer sind als Zurückhaltung und Gemeinsinn" (Trull 2002: 11). Zivilgesellschaft ist so gesehen für Soldaten ein Gefahrenmoment, die auf einem Zustand fortschreitenden Werteverfalls, Konsumismus und Individualismus zutreibt.

Rolf von Uslar (2008: 20) geht noch einen Schritt weiter und sieht den Staatsbürger in Uniform mit dessen gesellschaftlichen Integrationsideal vonseiten der Gesellschaft untergraben. Die Lebensumwelten des Soldaten und der Gesellschaft seien „auseinandergedriftet: hier Diskurs, Selbstverwirklichung, Bindungslosigkeit, Streben nach individuellem Glück, Infragestellen von Autorität, Distanz zur Nation; dort Befehl und Gehorsam, Einordnung in Hierarchie, Schicksalsgemeinschaft, Opferbereitschaft, Disziplin, Patriotismus". Daraus schlussfolgert er zugespitzt, dass „die Streitkräfte in einem pathologischen Dauer-Wertespagat gezwungen würden" (ebd.). Um sich dieser Situation zu entledigen, müsste sich die Bundeswehr „von einem Dogma trennen" (ebd.: 21). Noch dazu ist die Zivilgesellschaft für die Anhänger des Sparta-Paradigmas auch deshalb suspekt, weil sie sich nicht davon freimache, das Bild des Soldaten zu ächten und zu verdüstern (Stockfisch 1997).

Das Verfallsbild von Gesellschaft läuft auf die Schlussfolgerung hinaus, dass sich soldatisches Kämpfertum und die Integration der Bundeswehr in die Gesellschaft nicht miteinander vertragen. Doch geht es den Spartanern in diesem Zusammenhang ohnehin nicht um Demokratie- und Gesellschaftsverträglichkeit, sondern um den Einsatz- und Kampfwert der Bundeswehr. Sparta verfolgt in dieser Hinsicht eine gesellschaftliche Abschottungs- und Schließungstendenz, die sich aber in der Reichweite nicht mit den Vorstellungen der Traditionalisten in der Bundeswehr decken. So geht es zwar den Spartanern, wie Dörfler-Dierken (2008: 72) betont, um die Umwandlung des „Staatsbürgers in Uniform" zum „Staatsbürger als Soldaten", wie es schon die Schnez-Studie von 1969 auf ihre Fahnen schrieb. Doch Sparta rüttelt nicht, anders wie es die Schnez-Studie forderte, am Primat der Politik, und sie tritt auch nicht ein für die „Umformung der zivilen Gesellschaft an Haupt und Gliedern“ (Bald 2008: 53).

Gleichwohl ist ein problematisches Beziehungsverhältnis der spartanischen Denkschule zu Staat und Gesellschaft zu konstatieren. So werden die Armee und die Soldaten von ihrem Auftrag, dem Kämpfen her definiert und nicht von ihrer politischen und gesellschaftlichen Natur und Einbettung. Die Legitimation von Streitkräften ergibt sich schlicht aus ihrem politisch vorgegebenen Auftrag, der hoch professionell erfüllt wird. Der politische Primat wird anerkannt. Nur ist die dabei zu berücksichtigende politische Einbettung und Zielsetzung, also ihr politischer Zweck, ceteris paribus gesetzt und nicht weiter sinnbestimmend.

Sparta steht damit für ein selbstgenügsames und selbstreferentes Verständnis von Militär. Es ist sich nicht nur selbst genug, sondern in der Fokussierung Nabel der Welt. Auftrag und nicht Funktion bestimmen das Denken. Projiziert auf den Primat militärischer Operationsführung und Taktik im Gefecht, dringt das Militär nicht bis zur strategisch-sicherheitspolitischen Einbettungsebene von Streitkräften vor. Die Logik der Außen- und Sicherheitspolitik bleibt ihr infolgedessen verschlossen. Dies wird auf der Leitbildebene des Kämpfers durch einen gänzlich apolitischen militärhandwerklichen Professionalismus unterstrichen.

Das Hermetische wird auch am Verhältnis zur Gesellschaft deutlich. Aus spartanischer Sicht handelt es sich um eine militärferne zivilistische Welt, mit der sich die Bundeswehr nicht assimilieren dürfe. Im Gegenteil ist für den Kämpfer nicht die „Zivilgesellschaft“ der erwünschte Orientierungsmaßstab, sondern ein „soldatisches Selbstverständnis“, dass „wieder auf traditionelle Werte und Haltungen Bezug nimmt“ (Zwicknagel 2007: 13). Damit steht Sparta auf Kriegsfuß mit der Integrationsnorm, wie sie von der Inneren Führung nach der neuen ZDV 10/1 gefordert wird. Schlimmer noch richtet sich an die Soldaten im Einsatz auch ein klares Signal, dafür Unterstützung zu finden, wenn die im Einsatzalltag erlebte Dominanz militärischer Werte nicht mehr im „gesamtgesellschaftlichen Bezugssystem verortet“ ist (Seiffert 2005: 230). Auch wenn nach Befragungsbefunden (Biehl/Keller 2009: 129 ff) für Soldaten im Einsatz der politische Zweck des Auftrags für die eigene Motivation sinnbestimmend ist, sind selbst desintegrative Entwicklungen im zivil-militärischen Verhältnis nicht auszuschließen, sollte sich eine weitere Auseinanderentwicklung „militärischer und ziviler Sinn- und Wertewelten“ abzeichnen.

Was sich durch die Denkschule Sparta hindurchzieht ist die extreme Reduktion von Komplexität gegenüber über einer differenzierten Wirklichkeit, die in ausgesprochenen simplifizierenden Vorstellungen über die neue Einsatzwirklichkeit, die Gesellschaft und die Rolle von Einsatzsoldaten endet.

Renaissance erfährt in diesem geistigen Kontext ein überwunden geglaubtes Kämpferleitbild, das damals in den Anfängen der alten Bundeswehr von ehemaligen Wehrmachtsoffizieren und –unteroffizieren in die neu geschaffene Armee hineingetragen wurde und weite Teile des geistigen Klimas in der „Armee in der Demokratie“ bestimmte. In schweren Auseinandersetzungen hatte sich die Innere Führung gegen diesen traditionalistischen Hang durchzusetzen.

Jetzt kehrt dieser Geist über die Denkschule Sparta in die Bundeswehr zurück und mit ihr feiert der Miles bellicus fröhlichen Urstand. Das Jünger'sche „Stahlgewitter“ ist damit für den inneren Zustand der Bundeswehr noch keineswegs richtungsbestimmend. Aber die Fixierung auf Kampf und Gefechtstüchtigkeit als Wesen des Soldatischen reißt all die Dämme ein, die durch die von Baudissin geprägte Innere Führung gegen eine auf sich selbst bezogene und aus sich selbst generierte Kämpferideologie errichtet wurden. Sparta verfolgt dagegen eine Remilitarisierungs- und Entzivilisierungstendenz der Einsatzarmee Bundeswehr, mit der ganz bewusst mit der durch die Innere Führung gewollte „Entmilitarisierung des soldatischen Selbstverständnisses“ (Baudissin/Will 1991: 64) gebrochen wird. Sparta sieht die Zukunft der Bundeswehr in der Wiederkehr ihrer Kriegstüchtigkeit im Einsatz. Dies schließt an eine quer zur Einsatzrealität stehenden Vergangenheit an, mit der sie zu ihrem Wesenskern zurückfinden soll, nämlich Krieg zu führen und zu kämpfen.

9 Schluss

Die Bundeswehr hat als Einsatzarmee eine neue Epoche betreten. Dies hat einen geistigen Umorientierungsprozess ausgelöst, um das neuartige Aufgabenspektrum und die vollständig veränderte Einsatzwirklichkeit mit ihren Herausforderungen im Denken, Fühlen und Handeln zu verarbeiten.

Gesucht wird eine neue Identität als Einsatzarmee, die eine Überprüfung und Neubestimmung ihres Bildes von der Einsatzwirklichkeit, dem Verhältnis zu Staat und Gesellschaft und dem Bild vom Einsatzsoldaten einschließt.

Die Fortschreibung der Leitkultur der Inneren Führung, wie sie sich in der neuen ZDV 10/1 von Anfang 2008 niedergeschlagen hat, setzt bei Bewährtem an, ohne sich konsequent auf die neue Epoche einzulassen. Trotz ihres nach wie vor hohen deklamatorischen Gehalts ist über einen schleichenden Erosionsprozess die „Reduzierung ihres Gewichts" (Groß 2008: 14 ff) zu beobachten. Zwar stößt die Innere Führung unter den aktiven Offizieren durch die Bank auf – floskelhafte – Akzeptanz und auf jeder Zeit abrufbare Lippenbekenntnisse. Mehr aber auch nicht. Denn der Referenz folgt in der Regel der Satz, die Innere Führung sei, alte ZDV 10/1 hin – neue ZDV 10/1 her, kein Thema.

Die Leitkultur für die Bundeswehr verfehlt damit aber ihr Ziel, als Kompass oder Leitplanke den geistigen Umorientierungsprozess der Armee richtungsweisend bestimmen zu können. Es gelingt ihr nicht, zu dem „hearts and minds" der Soldatinnen und Soldaten einschließlich ihrer Wortführer vorzudringen. Insofern lässt sich auch die Ausgangsfrage: „Bundeswehr – quo vadis?" nicht mit Blick auf die offizielle Leitkultur beantworten. Stattdessen werden die Denkweisen und Überzeugungen der Soldatinnen und Soldaten immer mehr von ihren Einsatzerfahrungen geprägt, die viele von ihnen schon mehrmals hinter sich gebracht haben. Die Erfahrungswelt mit der offiziellen Inneren Führung in Übereinstimmung zu bringen, geht fehl, weil es den geistigen Überbau an Bodenhaftung fehlt, um für die Vorbereitung und Verarbeitung von Einsatzwirklichkeiten einen sinnvermittelnden Deutungsrahmen zu liefern. Infolgedessen befindet sich die Bundeswehr im Hinblick auf ihre geistige Ausrichtung in einem Richtungskonflikt, der durch die beiden Denkschulen Athen und Sparta abgesteckt wird. Eine neue ZDV 10/1 kann dieser Auseinandersetzung keinen Einhalt gebieten.

Dies ist letztlich auch nicht erwünscht, denn bei grundlegenden Fragen der Neubestimmung der Identität sind Konflikte um den zukünftigen Kurs geradezu selbstverständlich. Denn der Gewissheitsverlust, den selbst die US-Army bei der Frage, was ein Krieg, was eine militärische Mission sei, erfasst hat, löste eine Debatte aus, die darum kreist, dass „militärische Führer sich nicht mehr sicher seien, was der Begriff „Krieg“ bedeutet und sie dies auch nicht mehr ihren zivilen Vorgesetzten, der Öffentlichkeit oder sich selbst untereinander erklären könnten“ (Linn 2007: 3). Nur kündigt die Richtungsdebatte in der Bundeswehr keine offene Frontlinie an, sondern äußert sich subtil und bedient sich verschlungener Wege. Vor allen Dingen wird damit die „Gretchenfrage“ berührt, „welches Leit- und Berufsbild des Soldaten besonders im Hinblick auf Auslandseinsätze seitens der Bundeswehr kommuniziert und welches tatsächlich gewünscht wird“ (Elßner 2005: 194). In Konkurrenz zueinander steht der Miles protector mit seiner Gleichsetzung mit dem Staatsbürger in Uniform und der Miles bellicus, der an althergebrachte Vorstellungen des Krieges anknüpft.

Zur Klärung der notwendigen Debatte fehlt es der Bundeswehr an offener Diskurskultur. Sie wird aber auch dadurch blockiert, dass es der Armee im Einsatz an einem konsensfähigen, gemeinsamen Bild der Einsatzwirklichkeit ermangelt. Währenddessen wächst die Zahl an Opfern unter den Einsatzsoldaten in Afghanistan, die bei Gefechten und Anschlägen aus dem Hinterhalt heimtückisch ihr Leben verlieren. Infolgedessen steigt das Gefährdungsempfinden unter den Einsatzkontingenten und die Frustration über ausbleibende militärische Erfolge. Die paart sich mit dem Gefühl, von der Politik allein gelassen zu werden und keinen Rückhalt in der heimischen Bevölkerung zu finden.

Die politisch Verantwortlichen reagieren hierauf nicht mit Führung durch Überzeugung und Sinn, sondern dadurch, dass sie sich sukzessive durch Bellizisierung ihrer Wortwahl mit den Soldatinnen und Soldaten im Einsatz gemein machen. Hierdurch wird von höchsten Stellen der Spartanisierung der Bundeswehr leichtfertig Vorschub geleistet. Wie sich diese Entwicklung mit der als Markenzeichen der Bundeswehr hochgehaltenen Leitkultur der Inneren Führung verträgt, findet keine weitere Beachtung.

Um die Einhaltung der Inneren Führung in der Bundeswehr besser überprüfen und gewährleisten zu können, fordert Berthold Meyer (2009: 33) die Einrichtung eines „Beauftragten für Innere Führung“. Dies ist sicherlich gut gemeint, wird aber zur Lösung des Richtungsstreits wenig beitragen können. Wohin sich die Bundeswehr geistig entwickelt, ist ohnehin kein rein innermilitärisches Problem. Gerade weil es um die Integration von Einsatzarmee Bundeswehr und Gesellschaft geht, muss die Auseinandersetzung um die Identität und Selbstverständnis der Bundeswehr auf jeden Fall auch im politischen und gesellschaftlichen Raum geführt werden.

Literatur

Apelt, Maja (2009): Die Paradoxien des Soldatenberufs im Spiegel des soldatischen Selbstkonzepts. In: Jaberg, Sabine u. a. (Hrsg.): Auslandseinsätze der Bundeswehr. Sozialwissenschaftliche Analysen, Diagnosen und Perspektiven, Berlin, S. 143-162.

Bald, Detlef (2008): Politik gegen die Demokratisierung der Bundeswehr. Restaurativer Traditionalismus in der Bonner Republik. In: Ders u. a. (Hrsg.): Zurückgestutzt, sinnentleert, unverstanden: Die Innere Führung der Bundeswehr. Baden-Baden, S. 47-64.

Baudissin, Wolf Graf von (1970): Soldat für den Frieden. Entwürfe für eine zeitgemäße Bundeswehr, München.

Baudissin, Wolf Graf von (1982): Nie wieder Sieg! München.

Baudissin, Wolf Graf von/Will, Günther (1991): Die schwere Geburt. Zur Entwicklungsgeschichte der Truppeninformation. In: Information für die Truppe, Nr. 8/ 1991, S. 62-64.

Baumann, Marcel (2008): Zwischenwelten. Weder Krieg noch Frieden. Über den konstruktiven Umgang mit Gewaltphänomenen im Prozess der Konflikttransformation, Wiesbaden.

Bergmann, Robert (2008): Zeitgemäße Ausgestaltung und Weiterentwicklung der Inneren Führung. In: IF plus. Beilage zur Zeitschrift für Innere Führung, Nr. 1, S. 2-13.

Bergmann, Robert (2007): Eine Neubegründung der Inneren Führung? Soldatenprofil und Einsatzerfahrung. In: Gneisenau Blätter, Band 6, S. 47-50.

Biehl, Heiko (2008): Von der Verteidigungs- zur Interventionsarmee. Konturen eines gehemmten Wandels. In: Kümmel, Gerhard (Hrsg.): Streitkräfte im Einsatz. Zur Soziologie militärischer Interventionen. Baden-Baden, S. 9-20.

Biehl, Heiko/Keller, Jörg (2009): Hohe Identifikation und nüchterner Blick. Die Sicht der Bundeswehrsoldaten auf ihre Einsätze. In: Jaberg, Sabine u. a. (Hrsg.): Auslandseinsätze der Bundeswehr. Sozialwissenschaftliche Analysen, Diagnosen und Perspektiven, Berlin, S. 121-141.

Birk, Eberhard (2007): Abschied vom Bild des Offiziers? In: Gneisenau Blätter, Band 6 (Einsatzarmee und Innere Führung), S. 62-70.

BMVg (2003): Verteidigungspolitische Richtlinien für den Geschäftsbereich des Bundesministers der Verteidigung, Berlin.

BMVg (2006): Weißbuch zur Sicherheitspolitik Deutschlands und zur Zukunft der Bundeswehr, Berlin.

BMVg (2008): ZDV 10/1 Innere Führung. Selbstverständnis und Führungskultur der Bundeswehr, Berlin.

BMVg (2008): Zentrale Dienstvorschrift 10/1. Innere Führung. Führungskultur und Selbstverständnis der Bundeswehr, Berlin.

BMVg/Presse- und Informationsstab (2008): Innere Führung weiterentwickelt. Online: https://www.bmvg.de/de/themen/verteidigung/innere-fuehrung [Zugriff am 16.01.08]

BMVg (2004): Konzeption der Bundeswehr (KdB), Berlin.

Böckenförde, Stephan (2009): Die Veränderung des Sicherheitsverständnisses. In: Ders./Gareis, Sven Bernhard (Hrsg.): Deutsche Sicherheitspolitik, Opladen und Farmington Hills, S. 11-44.

Bredow, Wilfried von (2000): Demokratie und Streitkräfte, Wiesbaden.

Bredow, Wilfried von (2006): Kämpfer und Sozialarbeiter – Soldatische Selbstbilder im Spannungsfeld herkömmlicher und neuer Einsatzmissionen. In: Gareis, Sven Bernhard/Klein, Paul (Hrsg.): Handbuch Militär und Sozialwissenschaft. 2. Aufl., Wiesbaden, S. 314-321.

Bredow, Wilfried von (2008): Militär und Demokratie in Deutschland. Eine Einführung, Wiesbaden.

Bredow, Wilfried von/Kümmel, Gerhard (2000): Krieger oder Diplomat – Ein neues Selbstverständnis der Sicherheitskräfte verbindet militärische und zivile Werte. In: Die politische Meinung, Nr. 368, S. 5-11.

Budde, Hans-Otto (2005): Aktuelle Aspekte zur Transformation des Deutschen Heeres. In: Clausewitz-Gesellschaft e. V. (Hrsg.): Die Jahrbücher der Clausewitz Gesellschaft e. V. Band 1. Jahrbuch 2005, S. 105-123.

Budde, Hans-Otto (2008): Das militärische Selbstverständnis des Deutschen Heeres. Ein wichtiger Faktor für den Erfolg im Einsatz. In: Gneisenau Blätter, Band 8, S. 29-34.

Bundespräsident (2007): Rede beim Festakt aus Anlass des fünfzigjährigen Bestehens der Führungsakademie der Bundeswehr. 14. September. Online: https://www.bundespraesident.de/SharedDocs/Reden/DE/Horst-Koehler/Reden/2007/09/20070914_Rede.html [Zugriff am 24.10.2010].

Bundesregierung (2006): Verteidigungsminister Jung: „Militärische Konzepte allein reichen nicht aus". 10. November. Online: http://www.bundesregierung.de/Context/DE/Namensbeitrag/2006/... [Zugriff am 10.11.2010].

Campell, Donald J./Campell, Kathleen M. (2010): Soldiers as Police Officers/Police Officers as Soldiers: Role Evolution and Revolution in the United States. In: Armed Forces & Society, 36. Jg., H. 2, S. 327-350.

Chauvistré, Eric (2009): Wir Gutkrieger. Warum die Bundeswehr im Ausland scheitern wird, Frankfurt/New York.

Chojnacki, Sven (2004): Wandel der Kriegsreformen? Ein kritischer Literaturbericht. In: Leviathan, 32. Jg., H. 3, S. 402-424.

Clausewitz, Carl von (1980) Vom Kriege. Nachdruck der 19. Aufl., Troisdorf.

Daase, Christopher (2008): Den Krieg gewonnen, den Frieden verloren: Revolution und Konterrevolution in Military Affairs. In: Schörnig, Niklas/Helmig, Jan (Hrsg.): Die Transformation der Streitkräfte im 21. Jahrhundert, Frankfurt, S. 249-269.

Däniker, Gustav (1992): Wende Golfkrieg – Vom Wesen und Gebrauch künftiger Streitkräfte, Frauenfeld.

Dörfler-Dierken, Angelika (2008): Der Tod des Soldaten als Opfer. Protestantische Traditionslinien. In: Hettling, Manfred/Echternkamp, Jörg (Hrsg.): Bedingt erinnerungsbereit. Soldatengedenken in der Bundesrepublik, Göttingen, S. 75-84.

Dörfler-Dierken, Angelika (2005): Ethische Fundamente der Inneren Führung, Strausberg.
Ehrhart, Hans-Georg (2009): Innere Führung und der Wandel des Kriegsbildes. In: Aus Politik und Zeitgeschichte, Nr. 48, S. 23-29.
Eisele, Thies (2007): „Nur auf die Beine ..." Töten im militärischen Selbstverständnis, Aachen.
Elßner, Thomas R. (2005): Innere Führung und Transformation der Bundeswehr. Anmerkungen zu 50 Jahren Innere Führung in der Bundeswehr. In: S+F, 23. Jg., Heft 4, S. 190-196.
Fleck, Günther (2007): Von einer Renaissance des Rittertums in moderner Gestalt. Das Menschenbild des Soldaten im 21. Jahrhundert. In: Österreichische Militärische Zeitschrift, 5/2007, S. 531-538.
Galula, David (1964): Counter-insurgency Warfare: Theory and Practice, London.
Gareis, Sven Bernhard (2009): Militärische Beiträge zur Sicherheit. In: Böckenförde, Stephan/Gareis, Sven Bernhard (Hrsg.): Deutsche Sicherheitspolitik. Opladen, Farmington Hills, S. 99-129.
Gießmann, Hans. J/Wagner, Armin (2009): Die Bundeswehr im Auslandseinsatz: Eine Standortbestimmung. In: Ders. (Hrsg.). Armee im Einsatz. Grundlagen, Strategien und Ergebnisse einer Beteiligung der Bundeswehr. Baden-Baden, S. 9-29.
Grießmann, Hans J./Wagner, Armin (2009): Auslandseinsätze der Bundeswehr. In: Aus Politik und Zeitgeschichte, Nr. 48, S. 3-9.
Groß, Jürgen (2008): Einführung. In: Bald, Detlef u. a. (Hrsg.): Zurückgestutzt, sinnentleert, unverstanden: Die Innere Führung der Bundeswehr. Baden-Baden, S. 7-25.
Hagen, Ulrich vom/Tomforde, Maren (2004): Militärische Organisationskultur. In: Leonhard, Nina/Werkner, Ines-Jacqueline (Hrsg.): Militärsoziologie – Eine Einführung. Wiesbaden, S. 176-197.
Haltiner, Karl (2006): Vom Landesverteidiger zum militärischen Ordnungshüter. In: Gareis, Sven Bernhard/Klein, Paul (Hrsg.): Handbuch Militär und Sozialwissenschaften. 2. Aufl., Wiesbaden, S. 518-526.
Haltiner, Karl W. (2003): Spartaner oder Athener? – Die europäische Offizierausbildung vor neuen Herausforderungen. In: Kümmel, Gerhard/Collmer, Sabine (Hrsg.): Soldat-Militär-Politik-Gesellschaft. Baden-Baden, S. 35-48.
Haltiner, Karl/Kümmel, Gerhard (2008): Die Hybridisierung des Soldaten: Soldatische Subjekte und Identitätswandel. In: Kümmel, Gerhard (Hrsg.): Streitkräfte im Einsatz: Zur Soziologie militärischer Interventionen. Baden-Baden, S. 47-53.
Hamann, Rudolf (2000): Abschied vom Staatsbürger in Uniform, Fünf Thesen zum Verfall der Inneren Führung. In: Klein, Paul/Welt, Dieter (Hrsg.): Die Bundeswehr an der Schwelle zum 21. Jahrhundert, Baden-Baden, S. 64-72.
Hartmann, Uwe (2007): Innere Führung: Erfolge und Defizite der Führungsphilosophie für die Bundeswehr, Berlin.
Herberg-Rothe (2009): Demokratischer Krieger. In: Frankfurter Rundschau, 24. Juli, S. 30.
Herd, Graeme P. (2009): Challenges of State Reform and State Building. In: Collmer, Sabine (Hrsg.): From Fragile State to Functioning State. Pathways to Democratic Transformation in a Comparative Perspective. Berlin, S. 25-44.

Hippler, Jochen (2006): "Counterinsurgency" – Neue Einsatzformen für die NATO? In: Aus Politik und Zeitgeschichte, B. 43, S. 24-30.
Hippler, Jochen (2009): Wie „Neue Kriege" beenden? In: Aus Politik und Zeitgeschichte, Nr. 46, S. 3-8.
Hönke, Jana (2009): Sicherheit in Räumen begrenzter Staatlichkeit. In: Aus Politik und Zeitgeschichte, Nr. 8, S. 15-21.
Howard, Michael (2007): A long War?. In: Survival, Vol. 48, Nr. 4, S. 7-8.
Jaberg, Sabine (2009): Vernetzte Sicherheit? Phänomenologische Rekonstruktion und kritische Reflexion eines Zentralbegriffs im Weißbuch 2006. SOW Kontrovers, Nr. 5, Hamburg.
Janowitz, Morris (1960): The Professional Soldier. A Social and Political Portrait, Glencoe.
Jermer, Helmut (2001): Innere Führung – auf den Punkt gebracht. In: Hoffmann, Oskar/Prüfert, Andreas (Hrsg.): Innere Führung 2000. Baden-Baden, S. 41-60.
Jung, Franz-Josef (2007): Die Bundeswehr – Instrument deutscher Sicherheitspolitik. In: Gneisenau Blätter Bd. 6 (Einsatzarmee und Innere Führung), S. 19-22.
Kahl, Martin/Teusch, Ulrich (2004): Sind die „neuen Kriege" wirklich neu? In: Leviathan, 32 Jg., H. 3, S. 382-401.
Kersten, Arnd (2001): Die Herausforderungen an das Konzept „Innere Führung" unter besonderer Berücksichtigung von Bundeswehrreform und gesellschaftlicher Entwicklung. Diplomarbeit, Universität der Bundeswehr München, München.
Kollmer, Dieter H. (2004): Deutsche Offiziere – Krieger oder Philosophen? Ein Überblick über die deutsche Offiziersausbildung von 1806 bis heute. In: Rissener Einblicke, Heft 02/03, S. 21-44.
Krech, Hans (2008): Asymmetrische Konflikte – eine existentielle Herausforderung für die NATO. WIFIS-Aktuell 41, Hrsg. vom Wissenschaftlichen Forum für Internationale Sicherheit e. V., Bremen.
Kühne, Winrich (2009): Warum bewaffnete Friedensmissionen? In: Gießmann, Hans J./Wagner, Armin (Hrsg.): Armee im Einsatz, Baden-Baden (Nomos), S. 33-45.
Kutz, Martin (2004): Gesellschaft, Militär, Krieg und Frieden im Denken von Wolf Graf von Baudissin. In: Ders (Hrsg.): Gesellschaft, Militär, Krieg und Frieden im Denken von Wolf Graf von Baudissin. Baden-Baden, S. 9-22.
Leonhard, Nina (2007): Berufliche Identität von Soldaten. Eine qualitative Untersuchung von jungen männlichen Soldaten der Bundeswehr aus den neuen und alten Bundesländern. Sozialwissenschaftliches Institut der Bundeswehr. Gutachten 3/2007, Strausberg.
Linn, Brian McAllister (2007): The Echo of Battle. The Army's Way of War, Cambridge.
Lovell, John P. (1979): Neither Athen nor Sparta? The American Service Academies in Transition, Bloomington/London.
Mannitz, Sabine. Weltbürger in Uniform oder dienstbarer Kämpfer? In: Schoch, Bruno u. a. (Hrsg.): Friedensgutachten 2007, Berlin, S. 98-109.
Maringer, Walter (2008): Berufsbild und Identität der Soldaten im sozialen Wandel, Frankfurt a. M.
Matthies, Volker (2004): Zwischen Krieg und Frieden: Militär in Friedensmissionen. In: Kutz, Martin (Hrsg.): Gesellschaft, Militär, Krieg und Frieden im Denken von Wolf Graf von Baudissin, Baden-Baden. S. 93-104.

Mey, Holger H. (2002): Herausforderungen für die Bundeswehr. In: Aus Politik und Zeitgeschichte, B 24/2002, S. 3-4.
Meyer, Berthold (2009): Innere Führung und Auslandseinsätze: Was wird aus dem Markenzeichen der Bundeswehr? Report 2/09 der Hessischen Stiftung Friedens- und Konfliktforschung (HSFK), Frankfurt a. M.
Münkler, Herfried (2001): Sind wir im Krieg? Über Terrorismus, Partisanen und die neuen Formen des Krieges. In: Politische Vierteljahresschrift, 42. Jg. Heft 4, S. 581-589.
Münkler, Herfried (2004): Die neuen Kriege, Reinbek.
Münkler, Herfried (2009): Asymmetrien und neue Konfliktreformen. Gefahren für unsere Sicherheit. In: Bundesakademie für Sicherheitspolitik (Hrsg.): Sicherheitspolitik in neuen Dimensionen. Ergänzungsband II. Hamburg/Berlin/Bonn, S. 205-224.
Nägler, Frank (2007): Muster des Soldaten und Aufstellungskrise. In: Ders. (Hrsg.): die Bundeswehr 1955 bis 2005. Rückblenden – Einsichten – Perspektiven, Hrsg. im Auftrag des Militärgeschichtlichen Forschungsamts), München, S. 81-99.
Naumann, Klaus (2007): Zur Aktualität des „wehrhaften“ Staatsbürgers. Das Problem militärischer Obligationen in der Zivilgesellschaft. In: Wiesendahl, Elmar (Hrsg.): Innere Führung im 21. Jahrhundert. Die Bundeswehr und das Erbe Baudissins. Paderborn, S. 117-128.
Naumann, Klaus (2009): Die Bundeswehr im Leitbilddilemma. Jenseits der Alternative „Staatsbürger in Uniform“ oder „Kämpfer“. In: Hartmann, Uwe/Rosen, Claus von/Walther, Christian (Hrsg.): Jahrbuch Innere Führung 2009 – Die Rückkehr des Soldatischen. Eschede (Hartmann Miles Verlag), S. 75-91.
Nolte, Paul (2008): Fremde Soldaten. Deutschlands Nichtverhältnis zu seiner Armee. Essay. In: Der Spiegel, Nr. 48, S. 184-186.
Pradetto, August (2006): Neue Kriege. In: Gareis, Sven Bernhard/Klein, Paul (Hrsg.): Handbuch Militär und Sozialwissenschaft, 2. Aufl., Wiesbaden, S. 214-225.
Rosen, Claus Freiherr von (2009): Innere Führung und Einsatz aus Perspektive der Pädagogik. In: Jaberg, Sabine u. a. (Hrsg.): Auslandseinsätze der Bundeswehr. Sozialwissenschaftliche Analysen, Diagnosen und Perspektiven. Berlin, S. 163-192.
Rosen, Claus von (2006): Staatsbürger in Uniform in Baudissins Konzeption Innere Führung. In: Gareis, Sven Bernhard/Klein, Paul (Hrsg.): Handbuch Militär und Sozialwissenschaft, 2. Aufl. Wiesbaden, S. 171-181.
Rosen, Claus von (2009): Die ZDV 10/1 Innere Führung von 2008. Vorschrift-Handbuch-Überbau. In: Hartmann, Uwe/Rosen, Claus von/Walther, Christian (Hrsg.): Jahrbuch Innere Führung von 2009 – Die Rückkehr des Soldatischen. Eschede, S. 17-51.
Royl, Wolfgang (2005): Soldat-Sein mit Leib und Seele. Der Kämpfer als existentielles Leitbild einer Berufsarmee. In: Collmer, Sabine/Kümmel, Gerhard (Hrsg.): Ein Job wie jeder andere? Zum Selbst- und Berufsverständnis von Soldaten. Baden-Baden, S. 9-21.
Ruloff, Dieter/Schubiger, Livia (2007): Kriegerische Konflikte: eine Übersicht. In: Aus Politik und Zeitgeschichte, B. 16-17, S. 10-17.
Sackmann, Sonja (2002): Unternehmenskultur. Erkennen. Entwickeln. Verhindern, Neuwied.

Schmidt, Christian (2008): Das Selbstverständnis des Soldaten der Einsatzarmee. In: Gneisenau Blätter. Band 8, S. 10-14.
Schneiderhan, Wolfgang (2007): Soldat im Zeitalter der Globalisierung. In: Europäische Sicherheit, H. 2, S. 14-20.
Schneiderhan, Wolfgang (2008): Innere Führung und ihre besonderen Anforderungen im Auslandseinsatz der Streitkräfte. In: Neue Zeitschrift für Wehrrecht, 50 Jg., Heft 4-5, S. 144-149.
Schneiderhan, Wolfgang (2008): Von Gneisenau über Baudissin nach Kabul – Innere Führung als Konstante im Wandel? In: Gneisenau Blätter, Band 8, S. 15-19.
Schneiderhan, Wolfgang (2009): Bundeswehr im Einsatz – eine Herausforderung für die Innere Führung? In: Gneisenau Blätter Bd. 6 (Einsatzarmee und Innere Führung), S. 23-27.
Schreiner, Karl H. (2007): Die Militärelite und die Transformation der Bundeswehr. In: Wiesendahl, Elmar (Hrsg.): Eliten in der Transformation von Gesellschaft und Bundeswehr, Paderborn u. a., S. 117-135.
Schwede, Dirk (2009): Fähigkeiten und Fertigkeiten. Die Anforderungen an den Soldaten der Bundeswehr im 21. Jahrhundert. In: IF - Zeitschrift für Innere Führung, Heft 2/2009, S. 5-11.
Seiffert, Anja (2004): Veränderungen des soldatischen Selbstverständnisses unter Einsatzbedingungen. In: Kutz, Martin (Hrsg.): Gesellschaft, Militär; Krieg und Frieden im Denken von Wolf Graf von Baudissin, Baden-Baden.
Seiffert, Anja (2005): Soldat und Zukunft. Wirkungen und Folgen von Auslandseinsätzen auf das soldatische Selbstverständnis, Berlin.
Soeters, Joseph l./Winslow, Donna J./Weibull, Alice (2003): Military Culture. In: Cafario, Giuseppe (Hrsg.): Handbook of the Sociology of the Military. New York, S. 237-254.
Stockfisch, Dieter (1997): Zur Gestalt des Soldaten in unserem Land. In: Weber, Joachim F. (Hrsg.): Armee im Kreuzfeuer, München.
Tomforde, Maren (2008): Feldlagerkulturen als gelebte Innere Führung in multinationalen Einsatzszenarien. In: Gneisenau Blätter Nr. 8 (Selbstverständnis der Bundeswehr), S. 70-75.
Tomforde, Maren (2008): Menschenbilder in der Ethnologie und die Konstruktion des Gegenmenschen. In: Bayer, Stefan/Stümke, Volker (Hrsg.): Mensch. Anthropologie in sozialwissenschaftlicher Perspektive, Berlin, S. 135-152.
Tomforde, Maren (2009): „Bereit für drei Tassen Tee?" Die Rolle von Kultur für Auslandseinsätze der Bundeswehr. In: Jaberg, Sabine u. a. (Hrsg.): Auslandseinsätze der Bundeswehr. Sozialwissenschaftliche Analysen, Diagnosen und Perspektiven. Berlin, S. 71-91.
Tomforde, Maren (2010): Neue Militärkultur(en). Wie verändert sich die Bundeswehr durch die Auslandseinsätze. In: Apelt, Maja (Hrsg.): Forschungsthema: Militär, Wiesbaden: VS-Verlag, S. 193-219.
Tönnies, Sibylle (2009). Die „neuen Kriege" und der alte Hobbes. In: Aus Politik und Zeitgeschichte, Nr. 46, S. 27-32.
Troy, Jodok (2007): Staatszerfall. Ursachen – Charakteristika – Auswirkungen, Wien/Berlin.
Trull, Christian (2002): Ausbildung, Führung und Erziehung unseres Nachwuchses. In: Der Panzergrenadier, Heft 17, S. 8-13.

Trull, Christian (2007): Bildet die Bundeswehr zur Kriegstüchtigkeit aus? In: Das schwarze Barett, Nr. 37, S. 7-10.
Uslar, Rolf von (2008): "Our boy's? Zehn Thesen zur Integration der Bundeswehr in die Gesellschaft. In: Der Panzer-Spähtrupp, Nachrichtenblatt Nr. 43, S. 20-21.
Warburg, Jens (2008): Das Militär und seine Subjekte. Zur Soziologie des Krieges, Bielefeld.
Warburg, Jens (2010): Paradoxe Anforderungen an soldatische Subjekte avancierter Streitkräfte im (Kriegs-)Einsatz. In: Apelt, Maja (Hrsg.): Forschungsthema: Militär. Militärische Organisationen im Spannungsfeld von Krieg, Gesellschaft und soldatischen Subjekten. Wiesbaden, S. 245-270.
Wiesendahl, Elmar (1980): Demokratischer Wertewandel und militärische Subkultur. In: Schulz, Karl-Ernst (Hrsg.): Streitkräfte im gesellschaftlichen Wandel. Bonn, S. 95-123.
Wiesendahl, Elmar (1984): Innere Führung- ohne gesellschaftliche Integration der Bundeswehr? In: Rümmer, Heinrich O. (Hrsg.): Innere Führung im Meinungsstreit. Großhesselohe, S. 47-61.
Wiesendahl, Elmar (2002a): Innere Führung außer Diensten. Zur schleichenden Ausmusterung eines unzeitgemäßen Leitbilds. In: Bald, Detlef/Prüfert, Andreas (Hrsg.): Innere Führung. Ein Plädoyer für eine zweite Militärreform. Baden-Baden, S. 101-117.
Wiesendahl, Elmar (2002b): Neue Bundeswehr und überholte Innere Führung. Ein Anstoß zur Fortentwicklung eines abgestandenen Leitbilds. In: Gerhard, Wilfried (Hrsg.): Innere Führung. Dekonstruktion und Rekonstruktion. Bremen, S. 19-38.
Wiesendahl, Elmar (2005): Die Innere Führung auf dem Prüfstand – Zum Anpassungsbedarf eines Leitbildes. In: Ders. (Hrsg.): Neue Bundeswehr – neue Innere Führung? Perspektiven und Rahmenbedingungen für die Weiterentwicklung eines Leitbildes. Baden-Baden, S. 17-34.
Wiesendahl, Elmar (2007): Zur Aktualität der Inneren Führung von Baudissin für das 21. Jahrhundert. Ein analytischer Bezugsrahmen. In: Ders. (Hrsg.): Innere Führung für das 21. Jahrhundert. Die Bundeswehr und das Erbe Baudissins. Paderborn u. a., S. 11-28
Wiesendahl, Elmar (2008): Gesellschaft – Ein Geben und Nehmen. In: Y. Spezial. Innere Führung im Einsatz, S. 86-89.
Winkel, Wolfgang (2004): Bundeswehr braucht archaische Kämpfer. Hans-Otto Budde soll das Heer als Inspekteur in die Zukunft führen – Portrait eines Weggefährten. In: Welt am Sonntag, 29. April.
Zwicknagel, Fritz (2007): Die Bundeswehr an der Schwelle zum „Ernstfall", Innere Führung, soldatisches Selbstverständnis und Tradition. Dringender Anstoß zur Diskussion. In: Das schwarze Barett, Nr. 37, S. 11-13.

Der Autor

Prof. Dr. Elmar Wiesendahl studierte Volkswirtschaftslehre und Soziologie in Münster und Hamburg. Er promovierte an der Universität Hamburg zum Dr. rer. pol. und habilitierte sich dort in Politikwissenschaften. Er lehrte bis 2006 Politikwissenschaft an der Universität der Bundeswehr München und übernahm dann als Direktor an der Führungsakademie die Leitung des Fachbereichs Human- und Sozialwissenschaften. 2010 wurde er Mitgesellschafter und Geschäftsführer der Agentur für Politische Strategie (APOS) in Hamburg.